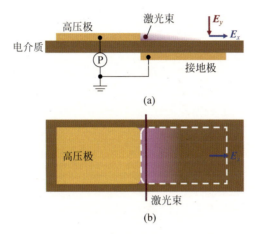

图 2.2 表面介质阻挡放电(SDBD)结构

(a) 侧视图；(b) 俯视图

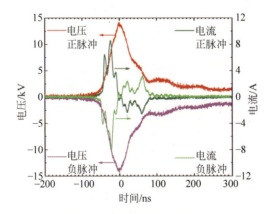

图 2.7 SDBD 正、负纳秒脉冲放电的电压、电流波形

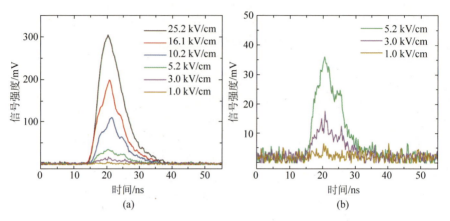

图 2.20 不同电场条件下 PMT 平均信号强度图

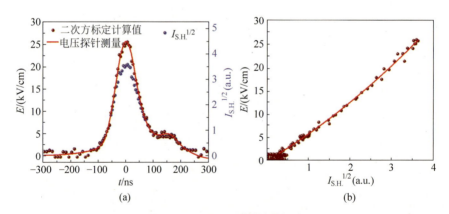

图 2.21 E-FISH 测量结果标定

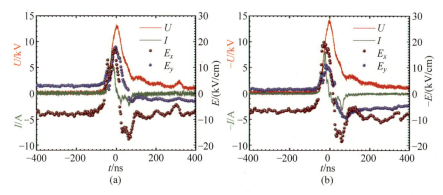

图 3.1　SDBD 正、负脉冲放电中电场分量

位置：$x=0, y=0$

（a）正脉冲；（b）负脉冲

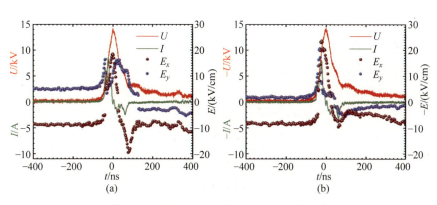

图 3.2　SDBD 正、负脉冲放电中的电场分量

位置：$x=1\,\mathrm{mm}, y=0$

（a）正脉冲；（b）负脉冲

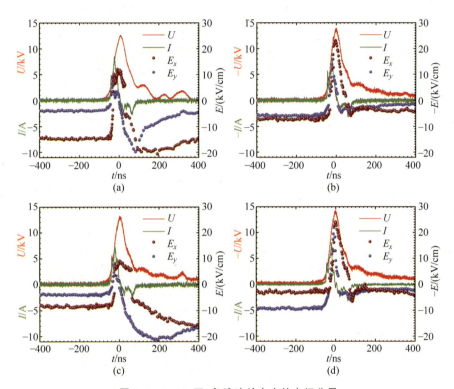

图 3.3 SDBD 正、负脉冲放电中的电场分量

(a) 正脉冲,$x=2$ mm,$y=0$;(b) 负脉冲,$x=2$ mm,$y=0$;
(c) 正脉冲,$x=3$ mm,$y=0$;(d) 负脉冲,$x=3$ mm,$y=0$

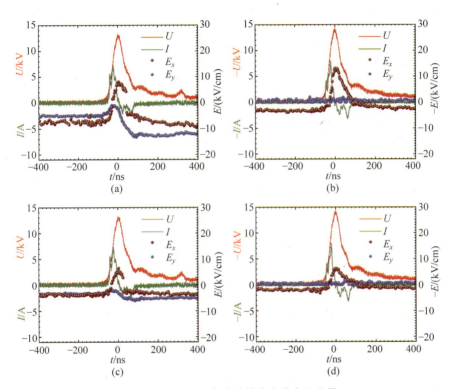

图 3.4 SDBD 正、负脉冲放电中的电场分量

(a) 正脉冲, $x=3$ mm, $y=1$ mm; (b) 负脉冲, $x=3$ mm, $y=1$ mm;
(c) 正脉冲, $x=3$ mm, $y=3$ mm; (d) 负脉冲, $x=3$ mm, $y=3$ mm

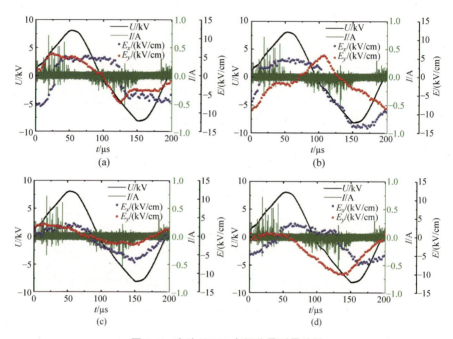

图 3.5 交流 SDBD 电场分量测量结果

(a) $x=0$, $y=0$; (b) $x=3$ mm, $y=0$; (c) $x=3$ mm, $y=3$ mm; (d) $x=8$ mm, $y=0$

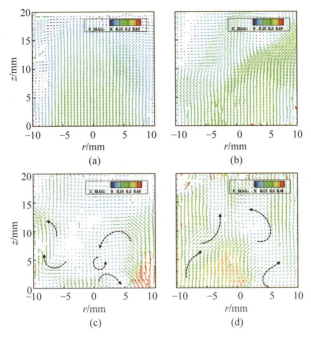

图 3.6 同轴 DBD 射流出口处流场分布

主流平均速度为 0.3 m/s

(a) 不放电；(b) 0.4 kHz；(c) 6.5 kHz；(d) 25 kHz

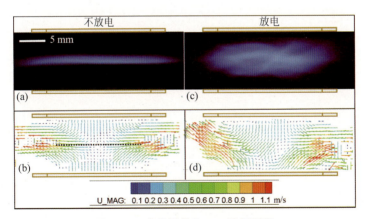

图 3.13 火焰图像和 PIV 流场测量

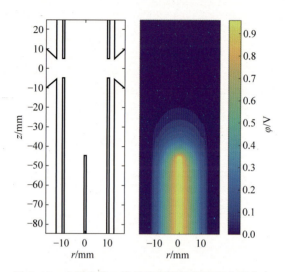

图 3.15 电极布置二维结构图及拉普拉斯电场分布

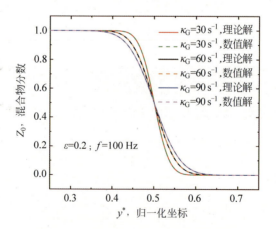

图 3.19 稳态 Z 方程的理论解和数值解

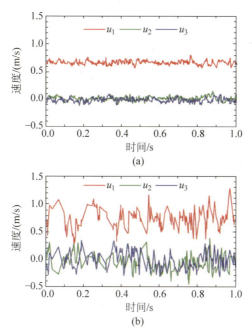

图 3.22 放电情形和不放电情形喷嘴出口三维流速测量结果

(a) 放电情形；(b) 不放电情形

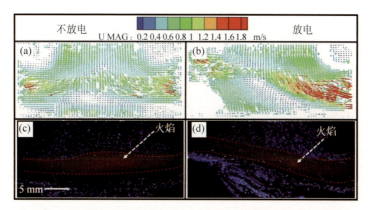

图 3.24 稳态(不放电)和非稳态(放电)预混火焰的 PIV 测量

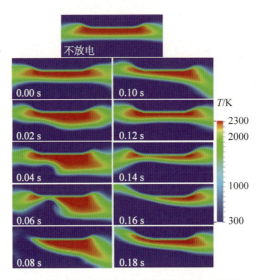

图 3.30 瞬态二维温度分布云图的数值结果

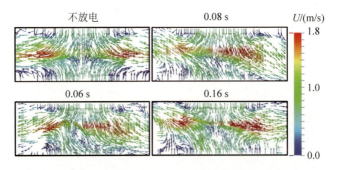

图 3.31 瞬态速度分布矢量图的数值结果

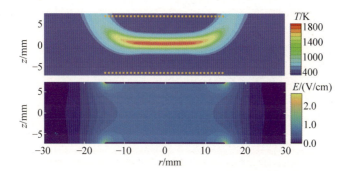

图 4.2 火焰温度和静电场分布云图的数值结果

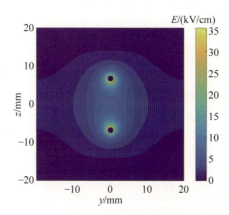

图 4.25 平行杆电极的 Laplacian 电场分布计算结果

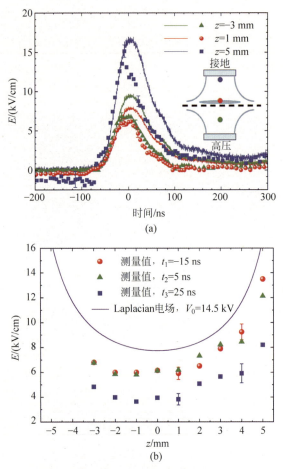

图 4.26 纳秒脉冲 DBD 在扩散火焰体系中电场的时间分布和空间分布
(a) 时间分布；(b) 空间分布

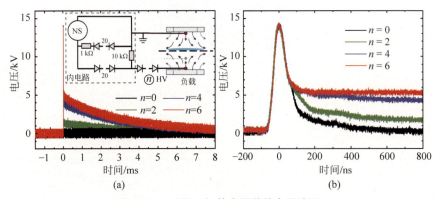

图 4.27 采用二极管串调整的电压波形
n 标记的是二极管数目

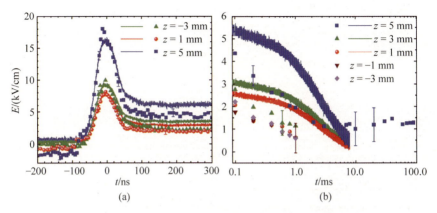

图 4.30 新纳秒脉冲波形 DBD 等离子体的电场测量结果

$n=4$

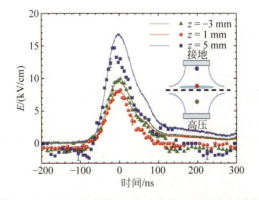

图 4.33 脉冲串模式下纳秒脉冲放电中的电场测量

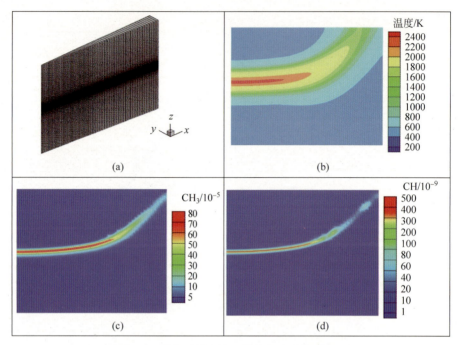

图 5.5 二维楔形结构的网格划分及计算结果云图

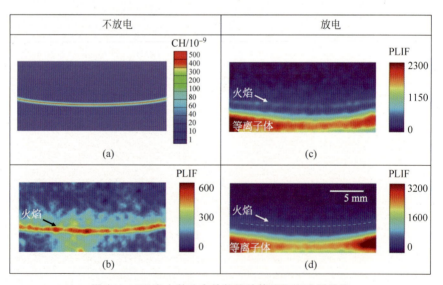

图 5.6 CH 自由基分布的数值计算值和实验测量值
(a) 数值解;(b) PLIF,6.5 kHz;(c) PLIF;(d) PLIF,25 kHz

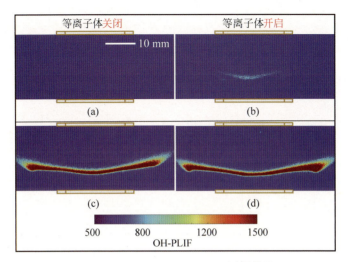

图 6.4 不同工况下 OH-PLIF 测量结果

(a) 着火前；(b) 着火前；(c) 着火后；(d) 着火后

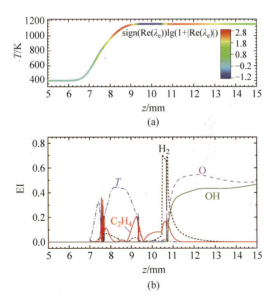

图 6.8 正庚烷着火前温度及 $\text{sign}(\text{Re}(\lambda_e)) \times \lg(1+|\text{Re}(\lambda_e)|)$ 值分布 (a) 和不同变量对应的爆炸因子 (b)

其中 $z=0$ mm 和 $z=20$ mm 分别表示燃料和氧化气出口位置

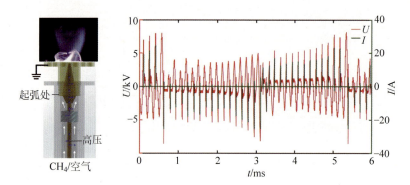

图 6.10 旋转滑动弧结构及其在空气中放电的典型电压电流曲线

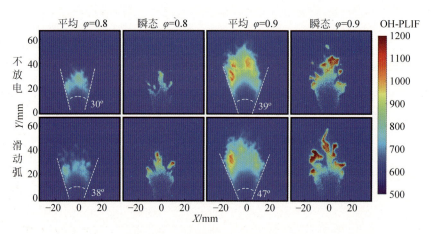

图 6.13 开放空间不同当量比和放电情形下的 OH-PLIF 图像
$Re=6000$

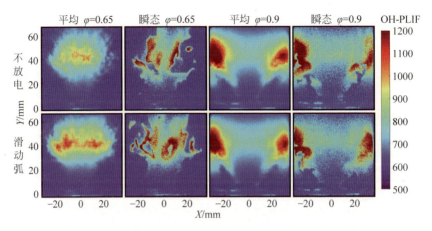

图 6.16 受限空间不同当量比和放电情形下的 OH-PLIF 图像

$Re = 9000$

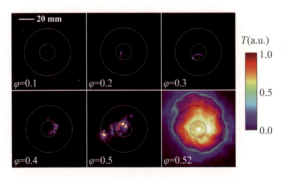

图 6.17 红外热像测量放电和火焰的典型瞬态图像

$Re \approx 9000$

清华大学优秀博士学位论文丛书

等离子体调控燃烧过程的光学诊断和机理研究

唐勇（Tang Yong）著

Plasma Assisted Combustion:
Optical Diagnostics and Fundamental Studies

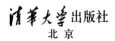
清华大学出版社
北京

内容简介

本书面向先进燃烧动力设备不断技术发展的新需求,设计典型等离子体助燃实验发展关键物理量光学诊断技术,揭示了等离子体/电场-流场-火焰场中主要物理量之间的作用规律,形成了等离子体/电场直接调控燃烧过程的新方法。本书围绕非平衡等离子体调控燃烧动力学和光学诊断开展了以下工作:①揭示了等离子体射流的湍流特征及电动力随雷诺数的变化规律,解耦出等离子体射流对平面火焰的流体动力学效应,构建了流场拉伸条件下的火焰传递函数模型;②发展了适用于燃烧过程的皮秒级电场诱导二次谐波技术及标定方法,率先开展了等离子体助燃环境中的瞬态电场测量,揭示了电场-火焰离子相互作用改变火焰结构和稳定性的机制;③设计了旋转滑动弧放电,在宽雷诺数范围内大幅度拓宽了甲烷预混旋流火焰的贫燃极限,揭示了滑动弧持续点火和增强燃烧稳定性的机制,形成了等离子体直接调控燃烧过程的新方法。

版权所有,侵权必究。举报: 010-62782989, beiqinquan@tup.tsinghua.edu.cn。

图书在版编目(CIP)数据

等离子体调控燃烧过程的光学诊断和机理研究 / 唐勇著. -- 北京: 清华大学出版社, 2025.1. --(清华大学优秀博士学位论文丛书). -- ISBN 978-7-302-67898-4

Ⅰ.TK16

中国国家版本馆 CIP 数据核字第 20251RW104 号

责任编辑: 李双双
封面设计: 傅瑞学
责任校对: 薄军霞
责任印制: 丛怀宇

出版发行: 清华大学出版社
网　　址: https://www.tup.com.cn, https://www.wqxuetang.com
地　　址: 北京清华大学学研大厦 A 座　　邮　编: 100084
社 总 机: 010-83470000　　邮　购: 010-62786544
投稿与读者服务: 010-62776969, c-service@tup.tsinghua.edu.cn
质量反馈: 010-62772015, zhiliang@tup.tsinghua.edu.cn

印 装 者: 三河市东方印刷有限公司
经　　销: 全国新华书店
开　　本: 155mm×235mm　　印张: 12.5　　插页: 9　　字数: 235 千字
版　　次: 2025 年 3 月第 1 版　　印次: 2025 年 3 月第 1 次印刷
定　　价: 99.00 元

产品编号: 092599-01

一流博士生教育
体现一流大学人才培养的高度(代丛书序)①

人才培养是大学的根本任务。只有培养出一流人才的高校,才能够成为世界一流大学。本科教育是培养一流人才最重要的基础,是一流大学的底色,体现了学校的传统和特色。博士生教育是学历教育的最高层次,体现出一所大学人才培养的高度,代表着一个国家的人才培养水平。清华大学正在全面推进综合改革,深化教育教学改革,探索建立完善的博士生选拔培养机制,不断提升博士生培养质量。

学术精神的培养是博士生教育的根本

学术精神是大学精神的重要组成部分,是学者与学术群体在学术活动中坚守的价值准则。大学对学术精神的追求,反映了一所大学对学术的重视、对真理的热爱和对功利性目标的摒弃。博士生教育要培养有志于追求学术的人,其根本在于学术精神的培养。

无论古今中外,博士这一称号都和学问、学术紧密联系在一起,和知识探索密切相关。我国的博士一词起源于2000多年前的战国时期,是一种学官名。博士任职者负责保管文献档案、编撰著述,须知识渊博并负有传授学问的职责。东汉学者应劭在《汉官仪》中写道:"博者,通博古今;士者,辩于然否。"后来,人们逐渐把精通某种职业的专门人才称为博士。博士作为一种学位,最早产生于12世纪,最初它是加入教师行会的一种资格证书。19世纪初,德国柏林大学成立,其哲学院取代了以往神学院在大学中的地位,在大学发展的历史上首次产生了由哲学院授予的哲学博士学位,并赋予了哲学博士深层次的教育内涵,即推崇学术自由、创造新知识。哲学博士的设立标志着现代博士生教育的开端,博士则被定义为独立从事学术研究、具备创造新知识能力的人,是学术精神的传承者和光大者。

---

① 本文首发于《光明日报》,2017年12月5日。

博士生学习期间是培养学术精神最重要的阶段。博士生需要接受严谨的学术训练,开展深入的学术研究,并通过发表学术论文、参与学术活动及博士论文答辩等环节,证明自身的学术能力。更重要的是,博士生要培养学术志趣,把对学术的热爱融入生命之中,把捍卫真理作为毕生的追求。博士生更要学会如何面对干扰和诱惑,远离功利,保持安静、从容的心态。学术精神,特别是其中所蕴含的科学理性精神、学术奉献精神,不仅对博士生未来的学术事业至关重要,对博士生一生的发展都大有裨益。

独创性和批判性思维是博士生最重要的素质

博士生需要具备很多素质,包括逻辑推理、言语表达、沟通协作等,但是最重要的素质是独创性和批判性思维。

学术重视传承,但更看重突破和创新。博士生作为学术事业的后备力量,要立志于追求独创性。独创意味着独立和创造,没有独立精神,往往很难产生创造性的成果。1929年6月3日,在清华大学国学院导师王国维逝世二周年之际,国学院师生为纪念这位杰出的学者,募款修造"海宁王静安先生纪念碑",同为国学院导师的陈寅恪先生撰写了碑铭,其中写道:"先生之著述,或有时而不章;先生之学说,或有时而可商;惟此独立之精神,自由之思想,历千万祀,与天壤而同久,共三光而永光。"这是对于一位学者的极高评价。中国著名的史学家、文学家司马迁所讲的"究天人之际,通古今之变,成一家之言"也是强调要在古今贯通中形成自己独立的见解,并努力达到新的高度。博士生应该以"独立之精神、自由之思想"来要求自己,不断创造新的学术成果。

诺贝尔物理学奖获得者杨振宁先生曾在20世纪80年代初对到访纽约州立大学石溪分校的90多名中国学生、学者提出:"独创性是科学工作者最重要的素质。"杨先生主张做研究的人一定要有独创的精神、独到的见解和独立研究的能力。在科技如此发达的今天,学术上的独创性变得越来越难,也愈加珍贵和重要。博士生要树立敢为天下先的志向,在独创性上下功夫,勇于挑战最前沿的科学问题。

批判性思维是一种遵循逻辑规则、不断质疑和反省的思维方式,具有批判性思维的人勇于挑战自己,敢于挑战权威。批判性思维的缺乏往往被认为是中国学生特有的弱项,也是我们在博士生培养方面存在的一个普遍问题。2001年,美国卡内基基金会开展了一项"卡内基博士生教育创新计划",针对博士生教育进行调研,并发布了研究报告。该报告指出:在美国和欧洲,培养学生保持批判而质疑的眼光看待自己、同行和导师的观点同样非常不容易,批判性思维的培养必须成为博士生培养项目的组成部分。

对于博士生而言,批判性思维的养成要从如何面对权威开始。为了鼓励学生质疑学术权威、挑战现有学术范式,培养学生的挑战精神和创新能力,清华大学在2013年发起"巅峰对话",由学生自主邀请各学科领域具有国际影响力的学术大师与清华学生同台对话。该活动迄今已经举办了21期,先后邀请17位诺贝尔奖、3位图灵奖、1位菲尔兹奖获得者参与对话。诺贝尔化学奖得主巴里·夏普莱斯(Barry Sharpless)在2013年11月来清华参加"巅峰对话"时,对于清华学生的质疑精神印象深刻。他在接受媒体采访时谈道:"清华的学生无所畏惧,请原谅我的措辞,但他们真的很有胆量。"这是我听到的对清华学生的最高评价,博士生就应该具备这样的勇气和能力。培养批判性思维更难的一层是要有勇气不断否定自己,有一种不断超越自己的精神。爱因斯坦说:"在真理的认识方面,任何以权威自居的人,必将在上帝的嬉笑中垮台。"这句名言应该成为每一位从事学术研究的博士生的箴言。

提高博士生培养质量有赖于构建全方位的博士生教育体系

一流的博士生教育要有一流的教育理念,需要构建全方位的教育体系,把教育理念落实到博士生培养的各个环节中。

在博士生选拔方面,不能简单按考分录取,而是要侧重评价学术志趣和创新潜力。知识结构固然重要,但学术志趣和创新潜力更关键,考分不能完全反映学生的学术潜质。清华大学在经过多年试点探索的基础上,于2016年开始全面实行博士生招生"申请-审核"制,从原来的按照考试分数招收博士生,转变为按科研创新能力、专业学术潜质招收,并给予院系、学科、导师更大的自主权。《清华大学"申请-审核"制实施办法》明晰了导师和院系在考核、遴选和推荐上的权力和职责,同时确定了规范的流程及监管要求。

在博士生指导教师资格确认方面,不能论资排辈,要更看重教师的学术活力及研究工作的前沿性。博士生教育质量的提升关键在于教师,要让更多、更优秀的教师参与到博士生教育中来。清华大学从2009年开始探索将博士生导师评定权下放到各学位评定分委员会,允许评聘一部分优秀副教授担任博士生导师。近年来,学校在推进教师人事制度改革过程中,明确教研系列助理教授可以独立指导博士生,让富有创造活力的青年教师指导优秀的青年学生,师生相互促进、共同成长。

在促进博士生交流方面，要努力突破学科领域的界限，注重搭建跨学科的平台。跨学科交流是激发博士生学术创造力的重要途径，博士生要努力提升在交叉学科领域开展科研工作的能力。清华大学于2014年创办了"微沙龙"平台，同学们可以通过微信平台随时发布学术话题，寻觅学术伙伴。3年来，博士生参与和发起"微沙龙"12 000多场，参与博士生达38 000多人次。"微沙龙"促进了不同学科学生之间的思想碰撞，激发了同学们的学术志趣。清华于2002年创办了博士生论坛，论坛由同学自己组织，师生共同参与。博士生论坛持续举办了500期，开展了18 000多场学术报告，切实起到了师生互动、教学相长、学科交融、促进交流的作用。学校积极资助博士生到世界一流大学开展交流与合作研究，超过60%的博士生有海外访学经历。清华于2011年设立了发展中国家博士生项目，鼓励学生到发展中国家亲身体验和调研，在全球化背景下研究发展中国家的各类问题。

在博士学位评定方面，权力要进一步下放，学术判断应该由各领域的学者来负责。院系二级学术单位应该在评定博士论文水平上拥有更多的权力，也应担负更多的责任。清华大学从2015年开始把学位论文的评审职责授权给各学位评定分委员会，学位论文质量和学位评审过程主要由各学位分委员会进行把关，校学位委员会负责学位管理整体工作，负责制度建设和争议事项处理。

全面提高人才培养能力是建设世界一流大学的核心。博士生培养质量的提升是大学办学质量提升的重要标志。我们要高度重视、充分发挥博士生教育的战略性、引领性作用，面向世界、勇于进取，树立自信、保持特色，不断推动一流大学的人才培养迈向新的高度。

清华大学校长
2017年12月

丛书序二

以学术型人才培养为主的博士生教育,肩负着培养具有国际竞争力的高层次学术创新人才的重任,是国家发展战略的重要组成部分,是清华大学人才培养的重中之重。

作为首批设立研究生院的高校,清华大学自20世纪80年代初开始,立足国家和社会需要,结合校内实际情况,不断推动博士生教育改革。为了提供适宜博士生成长的学术环境,我校一方面不断地营造浓厚的学术氛围,另一方面大力推动培养模式创新探索。我校从多年前就已开始运行一系列博士生培养专项基金和特色项目,激励博士生潜心学术、锐意创新,拓宽博士生的国际视野,倡导跨学科研究与交流,不断提升博士生培养质量。

博士生是最具创造力的学术研究新生力量,思维活跃,求真求实。他们在导师的指导下进入本领域研究前沿,汲取本领域最新的研究成果,拓宽人类的认知边界,不断取得创新性成果。这套优秀博士学位论文丛书,不仅是我校博士生研究工作前沿成果的体现,也是我校博士生学术精神传承和光大的体现。

这套丛书的每一篇论文均来自学校新近每年评选的校级优秀博士学位论文。为了鼓励创新,激励优秀的博士生脱颖而出,同时激励导师悉心指导,我校评选校级优秀博士学位论文已有20多年。评选出的优秀博士学位论文代表了我校各学科最优秀的博士学位论文的水平。为了传播优秀的博士学位论文成果,更好地推动学术交流与学科建设,促进博士生未来发展和成长,清华大学研究生院与清华大学出版社合作出版这些优秀的博士学位论文。

感谢清华大学出版社,悉心地为每位作者提供专业、细致的写作和出版指导,使这些博士论文以专著方式呈现在读者面前,促进了这些最新的优秀研究成果的快速广泛传播。相信本套丛书的出版可以为国内外各相关领域或交叉领域的在读研究生和科研人员提供有益的参考,为相关学科领域的发展和优秀科研成果的转化起到积极的推动作用。

感谢丛书作者的导师们。这些优秀的博士学位论文，从选题、研究到成文，离不开导师的精心指导。我校优秀的师生导学传统，成就了一项项优秀的研究成果，成就了一大批青年学者，也成就了清华的学术研究。感谢导师们为每篇论文精心撰写序言，帮助读者更好地理解论文。

感谢丛书的作者们。他们优秀的学术成果，连同鲜活的思想、创新的精神、严谨的学风，都为致力于学术研究的后来者树立了榜样。他们本着精益求精的精神，对论文进行了细致的修改完善，使之在具备科学性、前沿性的同时，更具系统性和可读性。

这套丛书涵盖清华众多学科，从论文的选题能够感受到作者们积极参与国家重大战略、社会发展问题、新兴产业创新等的研究热情，能够感受到作者们的国际视野和人文情怀。相信这些年轻作者们勇于承担学术创新重任的社会责任感能够感染和带动越来越多的博士生，将论文书写在祖国的大地上。

祝愿丛书的作者们、读者们和所有从事学术研究的同行们在未来的道路上坚持梦想，百折不挠！在服务国家、奉献社会和造福人类的事业中不断创新，做新时代的引领者。

相信每一位读者在阅读这一本本学术著作的时候，在汲取学术创新成果、享受学术之美的同时，能够将其中所蕴含的科学理性精神和学术奉献精神传播和发扬出去。

清华大学研究生院院长

2018 年 1 月 5 日

导师序言

燃烧是火箭发动机、航空发动机和地面热能设备的主要动力来源,随着国家航空航天和燃机技术的发展,燃烧科学在国防安全和国民经济中的地位更加重要,不断与复杂化学反应动力学、非线性光学、多相流体力学和等离子体物理等学科交叉融合,涌现了一批新型燃烧技术。其中,等离子体调控燃烧由于响应迅速、路径多样和直接作用于火焰锋面等优势,在近10年得到了广泛关注和快速发展,成为提高发动机性能和实现清洁燃烧的关键技术路线。

等离子体是一类由自由移动的带电粒子(电子、离子等)和中性粒子组成的特殊物质,表现出准电中性和集体行为。燃烧反应过程会生成少量自由移动的电子和离子,因此火焰也可视为一种弱电离的等离子体。研究等离子体助燃的挑战主要来自等离子体和燃烧体系中多物理场、多尺度作用及非线性效应,流场、电场、温度、电子密度和组分等物理量的准确测量十分困难,且这些物理量之间存在复杂的耦合关系。因此我们首先做的工作是建立标准等离子体放电装置及燃烧器,同时发展先进光学诊断技术,实现等离子体助燃体系中重要物理量的瞬态测量,厘清等离子体与燃烧相互作用的关键物理化学路径。

对等离子体助燃过程的光学诊断可以大致分为等离子体诊断和燃烧诊断两类。一方面,传统的燃烧诊断技术如平面激光诱导荧光(PLIF),在等离子体助燃过程中仍然适用。而粒子图像测速(PIV)技术,由于示踪粒子和等离子体的相互作用及荷电颗粒在电场驱动下产生漂移速度,其适用性和测量精度需要重新论证。另一方面,等离子体诊断主要涉及电场强度、带电粒子密度和能量,本书对电子密度的测量是借鉴清华大学工程物理系蒲以康教授课题组基于碰撞辐射模型开发的谱线法;而对电场的测量则是与美国俄亥俄州立大学 Igor Adamovich 教授团队合作,发展了适用于燃烧过程的皮秒级电场诱导二次谐波技术及标定方法。

在机理研究阶段,我们主要使用了介质阻挡放电(DBD)和纳秒脉冲放电作为等离子体源，耦合对冲火焰燃烧器开展研究。前期在美国普林斯顿大学罗忠敬教授和朱德林先生的指导下，课题组吴宁博士建立了一套集成预热、水冷、测温和压力调节的对冲火焰系统。我们将燃烧器下喷嘴改造成DBD等离子体发生装置，通过测量流场脉动、电子密度和估计电场体积力，揭示了等离子体射流的湍流特征及电场力随雷诺数的变化规律；继而，通过巧妙的实验设计解耦了等离子体射流对平面火焰的流体动力学效应和化学效应，构建了流场拉伸条件下的火焰传递函数模型，获得了等离子体对不同拉伸率下甲烷火焰点熄火边界的调控规律。此外，在新建立的缩尺对冲火焰装置上，我们开展了静电场及等离子体助燃环境中的瞬态电场矢量测量，揭示了电场-火焰相互作用改变火焰结构和稳定性的机制。

进一步地，我们将目光投向等离子助燃的应用基础研究上，首先是沿用介质阻挡放电和对冲火焰装置，测试了等离子体对正庚烷、异辛烷和正癸烷等模型化合物预蒸发气体着火过程的促进作用；结合关键中间产物测量和数值计算，揭示了等离子体促进饱和烷烃燃料裂解并促进其着火特性的化学及输运机制。此外，针对民用航空发动机和地面燃机低氮贫燃不稳定燃烧，以及战斗机高空机动和二次点火困难，设计滑动弧等离子体装置实现了宽雷诺数范围的旋流火焰直接调控，有效地改善了点熄火边界和燃烧不稳定性，并结合光学诊断和理论分析，总结了滑动弧的持续释热、自由基生成，以及电场-火焰作用等不同机制。

希望本书内容能够促进等离子体调控燃烧领域的发展，引起人们对新概念燃烧技术的重视。我们注意到，随着国家"双碳目标"及可持续发展战略的实施，除了面向传统的碳氢燃料外，等离子体在调控氨和离子液体推进剂等绿色燃料燃烧方面也开始发挥更多作用。

等离子调控燃烧是燃烧反应路径调控领域的前沿和难点，受研究水平和条件限制，书中难免有不足之处，恳请同行专家和广大读者指正。

姚强　李水清

清华大学能源与动力工程系

2022年2月

摘 要

等离子体助燃是为了进一步提高能量转换效率、降低污染物排放和提升发动机性能而兴起的新概念燃烧技术。当前对于等离子体调控燃烧的研究仍存在诸多局限,主要挑战在于等离子体和燃烧体系中多个重要物理量的准确测量及其复杂传递关系的解耦分析。面向先进燃烧动力设备不断发展的新需求,以等离子体助燃中的共性问题为核心开展系统性研究具有重要意义。本书通过设计典型等离子体助燃实验和发展关键物理量光学诊断技术,揭示了等离子体/电场-流场-火焰场中主要物理量之间的作用规律,形成了等离子体/电场直接调控燃烧过程的新方法。

首先,本书设计了介质阻挡放电(DBD)、纳秒脉冲放电和滑动弧等放电装置,与对冲燃烧器和旋流燃烧器等耦合形成等离子体助燃实验系统,建立了电场、电子密度、流场、自由基、释热率脉动等关键物理量的在线光学诊断方法,特别是开发了电场诱导二次谐波(E-FISH)技术以实现高分辨率电场解析。

其次,本书通过对热、化学、气动和电场等效应进行解耦分析,揭示了等离子体调控燃烧的影响规律。在电动流体力学方面,解析了同轴介质阻挡放电射流中的典型湍流特征,并基于电学参数测量估计电场体积力,结合Navier-Stokes方程的无量纲分析,得到等离子体对雷诺应力的影响规律。继而,本书将等离子体射流作为宽频扰动源,研究了扩散火焰传递函数及受扰预混火焰的结构变化,并通过推导非稳态混合物分数方程,基于拉伸率构造了无量纲扰动频率St,得到了扩散火焰传递函数随St变化的相图。在电场-火焰作用方面,发现平面扩散火焰沿着电场方向平移,而预混火焰则产生三维结构变化并存在迟滞现象。在直流/纳秒脉冲双源耦合电场中,直流电场可促进大气压条件下纳秒脉冲放电的弥散化。在纳秒脉冲DBD中,电介质表面残余电荷形成了较长时间尺度的直流电场作用,进而产生电动流体力学效应引起火焰振荡。在化学效应方面,研究表明,DBD有助于甲烷和大分子燃料的裂解、氧化和着火。已有实验工况下,DBD可降低甲烷的着火温度150～200 K,拓宽熄火极限约20%,气相色谱测量和数值模拟显示,氢气是促进着火的重要中间产物。

最后,本书在旋流燃烧器中布置了旋转滑动弧放电装置,从而在较大雷诺数范围内显著提升了开放及受限空间内旋流火焰的稳定性,并大幅拓宽了贫燃极限,为等离子体应用于发动机等燃烧设备提供了理论支撑。

关键词:等离子体;电场;燃烧调控;火焰动力学;光学诊断

Abstract

Plasma assisted combustion (PAC) is a new-concept combustion technology that offers promising solutions for higher conversion efficiencies, reduced emissions, and better engine performances. However, the current PAC studies are still limited due to the enormous challenges in the accurate measurements of key physical variables and the decoupling of plasma-flame interactions. Systematic research on the fundamental issues of PAC is therefore necessary for the future development of advanced engines. This dissertation seeks to utilize self-designed PAC apparatus as well as advanced optical diagnostics for key intermediates to interpret plasma-flow-flame interplay and further propose novel approaches for combustion control.

Firstly, several discharge devices, including dielectric-barrier-discharges (DBD), nanosecond pulsed discharges, and gliding arcs, are integrated with counterflow burners or swirl burners to provide experimental systems for PAC studies. Advanced optical diagnostics are employed to measure the electric field, the electron density, the flow field, the free radicals, and the heat release rate fluctuations. In particular, the electric field induced second harmonic (E-FISH) technique has been developed to resolve the transient electric field vectors with high resolution.

Secondly, this dissertation focuses on the main interactions in PAC. Regarding the electro hydrodynamics (EHD), the flow field generated downstream from the co-axial DBD plasma shows typical turbulent behaviors. Then, based on the experimental measurement of electrical parameters, the turbulence generation is elucidated by assessing the electrical body force and plasma-induced Reynolds stress in the dimensionless Navier-Stokes equation. Further, this plasma jet working as abroadband disturbance allows for investigating the transfer functions of diffusion flame and the responses of perturbated premixed flame, respectively. In particular, it is concluded that the diffusion flame transfer functions dependent on the dimensionless perturbation frequency (St) characterized by the global flow stretch rate. Concerning the flame dynamics manipulated by the DC/AC electric field, it is found that the planar diffusion flame translates along the vertical electric field, while the premixed flame stretches in three-dimensional with hysteresis. Further, in the study of discharges driven by dualpower supplies, a small DC offset shows significant contributions to the dispersion of nanosecond pulsed discharges operating at atmospheric pressure. In the nanosecond pulsed DBD, the long-lived residual charges sustained on the dielectric surface producesa small electric field, resulting in EHD effects and subsequent flame oscillations. As for the chemical effects, experimental results demonstrate that the plasma acceleratesthe pyrolysis, oxidation, and ignition of methane and large hydrocarbons. Under current experimental conditions, DBD can decrease the ignition temperature of methane by approximately 150-200 K, and extend the extinction limit by approximately 20%. Gas chromatography and numerical studies indicate that hydrogen is of critical importance inpromoting forced ignition.

Finally, a rotating gliding arc device has been designed andintegrated with a swirl burner. Within a broad range of Reynolds numbers, the gliding arc discharges extend lean burn-out limits and suppress combustion instabilities of the swirl flame in both open and confined spaces, which provides the oretical support for applying PAC in practical engines.

Keywords: Plasma; Electric field; Combustion control; Optical diagnostics; Flame dynamics

主要符号对照表

英文字符(小写)

a_e	右特征向量
b_e	左特征向量
c_p	比定压热容,J/(kg·K)
d	直径,m
d_P	颗粒粒径,m
e	①自然对数的底数;②电子电荷,1.602×10^{-19} C
$\boldsymbol{f}$	体积力,kg·m/s²
f	①焦距,mm;②扰动频率,Hz;③电子的空间分布函数
g	重力加速度,9.8 m/s²
h	焓,J
h_R	单位质量的反应焓,J/kg
h_s	定压反应焓,J
j	虚数单位
k	玻耳兹曼常数,$1.380\,649\times10^{-23}$ J/K
l	流体微团尺寸,m
m	质量,kg
$\dot{m}$	质量流量,kg/s²
$\dot{m}''_F$	燃料的质量消耗速率,kg/s
n	①粒子数密度,m^{-3};②二极管数量,个
P	压强,Pa
q	颗粒荷电量,C
r	坐标,m
$\dot{r}$	组分生成率,s^{-1}
t	时间,s
u	流场速度,m/s
v	脉动速度,m/s;微元体积,m³

x, y, z 坐标或位置，m

英文字符（大写）

A 爱因斯坦系数
A_f 火焰面表面积，m^2
A_1 系数
$C[f]$ 电子分布函数变化率
D 扩散率，m^2/s
Da 邓克尔数（Damköhler number）
D_p NO_x 排放总量，g
E_e 电子能量，eV（1 eV ~ 11 605 K）
$\boldsymbol{E}$ 电场矢量，V/m
E_{ig} 最小点火能，J
E_j^{ext} 待测外加电场强度，V/m
$E_k^{(\omega)}$ 光电场，V/m
$E_l^{(\omega)}$ 光电场，V/m
EI 化学爆炸因子
E/N 约化电场强度，Td（1 Td = 10^{-21} V/m^2）
Eu 欧拉数（Euler number）
$E_u(\omega)$ 能谱密度
F 火焰传递函数
Fr_e 电场力弗劳德数
$G(x)$ 常函数
H 常量
I ①电流，A；②信号强度，a.u.
$I_i^{(2\omega)}$ 二次谐波信号，a.u.
L ①喷嘴间距，m；②作用长度，m
Le 刘易斯数（Lewis number）
N_e 电子数密度，m^{-3}
$\boldsymbol{P}_i^{(2\omega)}$ 电极化强度的二倍频成分，C/m^2
P 压力，Pa
Pr 普朗特数（Prandtl number）

Q_0	释热率平均值，$kg \cdot m^2/s^3$
Q'	释热率脉动，$kg \cdot m^2/s^3$
$\dot{Q}_k$	能量的体积变化源项，J
$\dot{Q}_{rad}$	辐射热损失，J
R	旋流燃烧器内半径，m
R_h	旋流燃烧器中心体半径，m
Re	雷诺数（Reynolds number）
Re_{bulk}	来流雷诺数
Re_D	喷嘴出口雷诺数
Re_l	流体微团雷诺数
R_u	理想气体常数，$8.314 \, J/(mol \cdot K)$
$R(\tau)$	自相关函数
Sc	施密特数（Schmidt number）
S_F	火焰（核）面积，m^2
S_L	层流火焰速度，m/s
St	斯特哈尔数（Strouhal number）
St_k	斯托克斯数（Stokes number）
Sw	旋流数（Swirl number）
T	温度，K
T_e	电子温度，$eV(1 \, eV \sim 11\,605 \, K)$
U	电势/电压，V 或 kV
V	①流场速度标量，m/s；②扩散速度，m/s
$\mathbf{V}$	速度矢量（坐标），m/s
V_0	来流的平均速度，m/s
W	摩尔质量，kg/mol
Y	质量分数
Z	混合物分数

希腊字符

α	①旋片叶片倾斜角，(°)；②热扩散系数，m^2/s
β	①一阶系数；②普朗克平均吸收系数，m^{-1}
γ	二阶系数

δt	交流电的半个周期,s
∇_V	速度梯度算子
Δ	间距,m
$\Delta\varepsilon$	能量变化,eV (1 eV ～ 11 605 K)
Δh_k	生成焓,J
Δk	相位差
ε	扰动幅度
ε_0	真空介电常数,8.854×10^{-12} F/m
θ	H_2 在未稀释燃料气中的摩尔分数
κ	拉伸率,s^{-1}
λ	导热系数,J/(m·s·K)
λ_{De}	德拜长度,m
λ_e	雅可比矩阵的特征值
μ	流体动力学黏度,Pa·s
ν	流体运动黏度,m^2/s
π_∞	总压比
ρ	密度,kg/m^3
ρ_P	颗粒密度,kg/m^3
σ	斯蒂芬-玻耳兹曼常数,5.67×10^{-8} W/(m^2·K^4)
τ	时间延迟,s
τ	应力张量,kg·m/s^2
τ_{SGS}	亚格子应力,kg·m/s^2
φ	①电势,V;②当量比
χ	摩尔分数
$\chi_{ijkl}^{(3)}$	三阶非线性极化张量
ω	①入射光频率;②角频率,rad
$\dot\omega$	反应速率,kg/s

下标

F	燃料侧
f	火焰
G	全局
i,j	虚拟坐标分量

k	第 k 个组分
L	液体燃料
O	氧化剂侧
p	颗粒
SGS	亚格子
S. H.	二次谐波
st	化学计量比
t	湍流
0	初始状态；平均状态；稳态
1，2，3	速度分量

简写

CARS	coherent anti-Stokes Raman scattering，相干反斯托克斯拉曼散射
CEMA	chemical explosion mode analysis，化学爆炸模态分析
DBD	dielectric-barrier-discharge，介质阻挡放电
EASA	European Aviation Safety Agency，欧洲航空安全局
E-FISH	electric field induced second harmonic，电场诱导二次谐波
ELPI+	electrical low pressure impactor plus，升级版低电压冲击器测量仪
EMI	electromagnetic interference，电磁干扰
FTF	flame transfer function，火焰传递函数
FVM	finite volume method，有限体积法
ICAO	International Civil Aviation Organization，国际民航组织
ICCD	intensified charge-coupled device，增强型电荷耦合检测器
IRZ	internal recirculation zone，内回流区
LDI	lean direct injection，贫油直喷
LDV	laser doppler velocimetry，激光多普勒
LES	large eddy simulation，大涡数值模拟
LIF	laser induced fluorescence，激光诱导荧光
LLNL	Lawrence Livermore National Laboratory，劳伦斯利弗莫尔国家实验室
MURI	multi-university research initiatives，跨学科大学研究计划
NETL	Non-equilibrium Thermodynamics Laboratory，（俄亥俄州立大

	学)非平衡热力学实验室
NIST	National Institute of Standards and Technology,美国国家标准与技术研究所
NTC	negative temperature coefficient,负温度系数
OES	optical emission spectroscopy,发射光谱
ORZ	outer recirculation zone,外回流区
PISO	pressure implicit with splitting of operator,隐式算子分裂算法
PIV	particle image velocimetry,粒子图像技术
PLIF	planar laser induced fluorescence,平面激光诱导荧光
PMT	photomultiplier tube,光电倍增管
SDBD	surface dielectric-barrier-discharge,表面介质阻挡放电
SIMPLE	semi-implicit method for pressure-linked equations,隐式压力校正算法
TAPS	twin annular premixing swirled,双环预混旋流
TVC	trapped vortex combustion,驻涡燃烧
VLIF	volume laser induced fluorescence,体积激光诱导荧光

目 录

第1章 引言 ... 1
  1.1 研究背景与意义 ... 1
    1.1.1 极端条件下的燃烧需求和挑战 ... 1
    1.1.2 传统燃烧调控方式及其局限性 ... 5
    1.1.3 等离子体调控燃烧的优势分析 ... 6
    1.1.4 等离子体在新型燃烧技术中的应用 ... 9
  1.2 共性科学问题 ... 10
  1.3 研究现状 ... 11
    1.3.1 面向助燃的等离子体放电技术发展 ... 12
    1.3.2 等离子体对于火焰关键特性的调控效果 ... 14
    1.3.3 等离子体助燃中的关键物理量及其诊断技术 ... 16
    1.3.4 研究现状小结 ... 21
  1.4 本书研究目标及内容 ... 21

第2章 实验系统设计和在线光学诊断 ... 24
  2.1 本章引言 ... 24
  2.2 等离子体放电装置 ... 24
    2.2.1 介质阻挡放电 ... 24
    2.2.2 纳秒脉冲放电 ... 29
    2.2.3 滑动弧放电 ... 32
  2.3 燃烧器 ... 33
    2.3.1 对冲燃烧器 ... 33
    2.3.2 旋流燃烧器 ... 35
  2.4 光学测量 ... 36
    2.4.1 弱电离流体的流速测量 ... 36
    2.4.2 CH/OH基平面激光诱导荧光 ... 39

         2.4.3 火焰释热率脉动测量 ··· 40
         2.4.4 谱线法测量电子密度 ··· 41
         2.4.5 基于二次谐波的瞬态电场测量 ····························· 42
   2.5 本章小结 ··· 47

第3章 等离子体的电动流体效应及对火焰的传递 ························· 48
   3.1 本章引言 ··· 48
   3.2 介质阻挡放电的电动流体效应 ····································· 48
         3.2.1 表面DBD中的瞬态电场测量 ································ 48
         3.2.2 同轴DBD射流的流场解析 ···································· 54
         3.2.3 电场力诱发流场扰动的理论研究 ························· 56
   3.3 对冲扩散火焰对电动流体脉动的响应 ··························· 59
         3.3.1 流场结构和脉动 ·· 59
         3.3.2 释热率脉动及火焰传递函数 ································ 64
         3.3.3 扩散火焰传递函数的理论分析 ···························· 67
   3.4 对冲预混火焰对电动流体脉动的响应 ··························· 72
         3.4.1 流场结构和火焰面运动 ······································· 72
         3.4.2 非稳态预混火焰的LES模拟研究 ··························· 75
   3.5 本章小结 ··· 80

第4章 等离子体助燃体系中的电场-火焰动力学研究 ····················· 82
   4.1 本章引言 ··· 82
   4.2 静电场-平面火焰动力学研究 ······································ 82
         4.2.1 平面扩散火焰在静电场中的动力学行为 ··············· 82
         4.2.2 平面预混火焰在静电场中的动力学行为 ··············· 92
   4.3 复合电场在平面火焰中的放电行为 ······························ 95
         4.3.1 平行金属电极间纳秒脉冲放电 ···························· 95
         4.3.2 直流-纳秒脉冲复合放电 ····································· 96
   4.4 纳秒脉冲DBD诱导的燃烧不稳定性研究 ······················· 100
         4.4.1 双层DBD放电驱动的燃烧不稳定性 ···················· 100
         4.4.2 火焰振荡的调控及其机理分析 ·························· 105
   4.5 本章小结 ··· 110

第5章 等离子体拓展着火/熄火极限的化学机制 ·············· 112
5.1 本章引言 ·············· 112
5.2 DBD 改善着火/熄火极限的实验结果 ·············· 112
5.2.1 DBD 对甲烷着火温度的影响 ·············· 112
5.2.2 DBD 放电对甲烷熄火极限的影响 ·············· 115
5.3 DBD 及火焰中关键中间产物 ·············· 116
5.3.1 CH 自由基分布 ·············· 116
5.3.2 气相色谱离线测量 ·············· 119
5.4 DBD 拓展着火极限的化学机制分析 ·············· 121
5.4.1 等离子体重整甲烷的化学路径 ·············· 121
5.4.2 H_2 对甲烷着火的影响 ·············· 124
5.5 本章小结 ·············· 128

第6章 等离子体对于复杂火焰的调控机理研究 ·············· 129
6.1 本章引言 ·············· 129
6.2 等离子体对预蒸发 C_7—C_{10} 饱和烷烃燃料着火的影响 ·············· 129
6.2.1 等离子体促进燃料裂解和着火的实验分析 ·············· 130
6.2.2 大分子燃料着火化学机理分析 ·············· 135
6.3 滑动弧等离子体对高雷诺数旋流火焰的稳定作用 ·············· 139
6.3.1 开放空间下的调控效果 ·············· 141
6.3.2 受限空间下的调控效果 ·············· 143
6.3.3 滑动弧的点火和稳燃机理分析 ·············· 145
6.4 本章小结 ·············· 149

第7章 结论与展望 ·············· 151
7.1 主要结论 ·············· 151
7.2 创新点 ·············· 153
7.3 建议与展望 ·············· 153

参考文献 ·············· 155

在学期间发表的学术论文与研究成果 ·············· 172

致谢 ·············· 175

第 1 章 引 言

1.1 研究背景与意义

两次工业革命后,以煤炭、石油和天然气为主导的化石能源在推动人类文明进程中扮演了重要角色。目前全球每年的化石能源消耗总量超过了 13 Gtoe(BP 报告,2019),而超过 80%的化石能源通过燃烧进行初步转化,例如,火力发电,地面和空天运输,钢铁等金属冶炼行业,烘干炉、熔化炉和回转窑等工业设施(徐旭常 等,2007;Turns,2009;Chu et al.,2012)。新兴的燃料电池和电动汽车技术在一定程度上可以减少动力设备对传统燃烧技术的依赖,然而其高成本、低功率的特点及自身的技术瓶颈使得传统燃烧技术方式仍然无法被替代,特别是航空发动机和燃气轮机等先进动力设备中高速大功率的动力转换只能通过燃烧实现。

1.1.1 极端条件下的燃烧需求和挑战

燃烧室是航空发动机和燃气轮机的核心部件之一,燃油或燃气和前端压气机导入的高温高压空气在燃烧室内混合,通过燃烧反应实现化学能向热能的转换,生成的高温气体进入涡轮膨胀做功形成推力。现代航空发动机朝着高推重比发展,需要同时满足高可靠性、高效率、低排放、多工况、多载荷、环境适应性强及调节迅速等多个条件,而传统的燃烧组织方式对于发动机性能的优化已经逼近极限,不能满足现代航空发展的设计需求。具体体现在以下几个方面。

(1) 燃烧需要满足日益严格的排放标准。低污染物排放是民用航空发动机和工业燃气轮机的发展趋势。燃烧室产生的主要污染物包括氮氧化物(NO_x)、未燃尽碳氢(UHC)、一氧化碳(CO)和烟(smoke)等,这些物质对机场局部的空气质量甚至全球气候变化产生了危害(张弛 等,2012)。国际民航组织(International Civil Aviation Organization,ICAO)指出,在高温升和高压比的发展目标下,NO_x 成为最难控制的污染物(ICAO,2010)。各个国家和组织针对民用航空发动机的污染排放制定了严格的标准,比较有代表性的是 ICAO 颁布的 CAEP(Committee on Aviation Environmental Protection)标准,从 1986 年制定的初代标准到现在最新的 CAEP/8,主要改变的是对 NO_x 排放量的限制。图 1.1 展示了欧洲航空安全局(European Aviation Safety Agency,EASA)制定的不同总压比(π_∞)条件下,最大额定推力(F_∞)高于 89 kN 的航空发动机在起降循环(起飞、爬升、进场和慢车)中 NO_x 排放总量(D_p)的限定,以及 20 世纪 70 年代至今,国际上生产的不同型号航空发动机的取证数据(EASA,2019)。随着发动机研制技术的进步,2015 年之后生产的发动机可以完全符合 CAEP/8 的标准,但是不能充分满足中长期目标的需求。

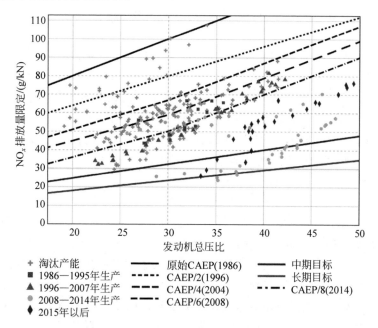

图 1.1 ICAO 制定的民用航空发动机 NO_x 排放量限定(D_p/F_∞)及取证数据

国内外发展的先进燃烧组织方式包括双环预混旋流(twin annular premixing swirled,TAPS)(McManus,2013)、驻涡燃烧(trapped vortex combustion,TVC)(Hsu et al.,1998)、贫油直喷(lean direct injection,LDI)(Tacina et al.,2001)等。其中,低氮贫燃技术通过减小当量比降低火焰温度,减少了热力型 NO_x 的排放,成为燃烧室设计的主流方向(Lieuwen et al.,2005)。然而,极端贫燃条件下的燃烧不稳定性仍是一个相当棘手的难题,容易对燃烧器造成损害和破坏(Candel,2002;Poinsot,2017)。为了实现低当量比条件下的稳定燃烧,甚至进一步拓宽贫燃极限,采用新型的燃烧增强技术迫在眉睫(Ju et al.,2015)。除了航空发动机外,在更广泛的工业燃烧设备中,寻求新型燃烧技术(new concept combustion)是一个重要的研究趋势。

(2) 复杂系统内高参数燃烧是现代发动机的趋势。一方面,航空发动机朝着高温升和高推重比的方向发展,发动机的燃烧性能需要满足更苛刻的条件。"二战"前后,军用飞机使用燃气涡轮发动机替代传统的活塞式发动机来作为主要的动力装置,且目前已经发展到第四代战斗机和发动机(此处按照传统的发动机划代概念,美国和俄罗斯称之为第五代)。目前,国际上仅美、英、俄、法等国具备独立研制和生产先进航空发动机的能力,生产厂商包括美国通用电气(GE)、普惠(PW)、英国罗罗(RR)、俄罗斯联发、克里莫夫(Klimov),以及法国斯奈克玛(SNECMA),中国仍然处于技术追赶阶段。表1.1整理了第1~4代军用发动机参数和典型示例,包括类型、参数、型号、典型装备战斗机等(黄维娜 等,2014;宋军 等,2017)。发动机参数的提升离不开燃烧技术的发展,特别是超音速燃烧的邓克尔数(Damköhler number, Da)较小,点火和稳燃都十分困难。

表1.1 第1~4代军用发动机参数和典型示例

代数	第一代	第二代	第三代	第四代
装备年代	20世纪40年代	20世纪50—60年代	20世纪70—80年代	20世纪90年代之后
发动机类型	涡喷	加力涡喷/涡扇	加力涡扇	高推重比涡扇、变循环发动机
燃烧室	分管燃烧室	环管燃烧室	环形燃烧室	短环形燃烧室
推重比	3~4	5~6	7~8	9~10
总增压比	4~12	8~20	21~35	26~35
涡轮前温度/K	1200~1300	1400~1500	1600~1750	1800~2000
最大马赫数	0.8~0.95	>2.0	>2.0	>2.0
典型型号	J42,J57,RD-45	J79,TF30,MK202,R11	RD33,F100,F110,M53	F119,F135,F136,EJ200
装备飞机	F-86,F-100,F106,米格-15	F-4,F-104,米格-21,J8	F-16 米格-29,幻影2000,J10	F-22,F-35,Su-57,J20

另一方面,发动机燃烧室通常是一个非稳态和非线性的系统,在复杂流场、温度场、声场、组分场和压力场条件下,流体的动力学稳定性、高拉伸率

区域的火焰传播、火焰释热率与复杂声学边界的匹配等都是燃烧不稳定性的重要内容(Culick,2006;Lieuwen et al.,2005;Dowling et al.,2003)。为了实现燃烧器的高参数运行,特别是对于燃烧室、压气机和透平耦合成的复杂系统,需要同时满足高压、高温、高流速的条件。上游来流、燃烧室本身的释热率及下游的压力传递等造成的扰动,在满足一定的燃烧室边界条件下容易形成热声耦合现象而导致扰动的骤然放大,造成熄火和振动等剧烈的不稳定,甚至导致整个系统受到损坏(Ducruix et al.,2003;Poursaeidi et al.,2013;Dowling et al.,2015)。燃烧不稳定性在复杂系统和高参数条件下带来的挑战急剧上升,常规的燃烧组织技术很难满足先进动力设备的需求。

(3) 高机动性需求和极端自然环境给燃烧技术发展带来了更大的挑战。图 1.2(a)展示了超音速飞机的典型包线,发动机需要适应较宽的飞行速度和海拔高度范围,并且朝着宽包线和多用途方向发展,特别是战斗机还面临格斗和机动飞行的需求。图 1.2(b)展示了 NASA 某发动机的工作极限相图,在加速和减速等宽广灵活的工作范围内,发动机的成功点火、稳定燃烧和迅速响应更具挑战性。加速时容易受到系统本身及材料特性的限制(上极限);减速时容易出现燃烧不稳定甚至熄火(下极限),一旦失控可能会导致发动机受破坏甚至整架飞机坠毁。此外,在极端的自然环境下,如高原地区的低气压、高寒和氧气稀薄,发动机的点火和运行更加困难。在极限条件下,如何保证发动机在吹熄极限附近能够维持稳定,甚至实现再次点火,是新型发动机燃烧技术的重要拓展方向。

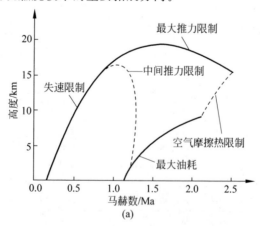

图 1.2 超音速飞机的典型包线(顾诵芬 等,2001)(a)与 NASA 某发动机的工作极限相图(Decastro et al.,2008)(b)

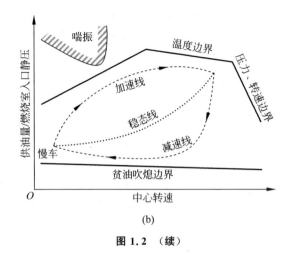

(b)

图 1.2 （续）

1.1.2 传统燃烧调控方式及其局限性

燃烧不稳定性的调控方法可以分为被动式和主动式（Docquier et al.，2002；李磊 等，2010）。表 1.2 列出了几种典型的被动式调控方法，包括点火装置设计、燃烧器几何结构优化设计、使用亥姆霍兹共振腔及其他声学阻尼调控。

表 1.2　传统被动式燃烧调控的主要方法

方法	实施过程	实施效果	文献
点火电极优化	多电极布置	达到高压点火标准	Astanei et al.，2015
燃烧器结构优化	燃料喷射参数设计	解决某燃烧室的不稳定性	Steele et al.，2000
亥姆霍兹共振腔	安装亥姆霍兹共振腔减振	Rijke 型燃烧器稳定燃烧极限拓宽 24%	Zhang et al.，2015；Zhao et al.，2009
声学阻尼	安装孔板阵列消除平面声波	吸收特定频率 80% 的能量，抑制能量反向传递	Eldredge et al.，2003

除了气相火焰外，国防科技大学的聂万胜和庄逢辰等（1998）将多种声腔技术应用于液体火箭发动机中进行燃烧不稳定性的控制，并且提出了不同声腔的有效作用范围，北京航空航天大学的郭志辉等（2008）采用穿孔板和环形背腔降低了不稳定发声的幅值。

燃烧的主动调控是指通过外加激励器和驱动器，实现对速度脉动和压力脉动等的主动控制。对于热声耦合的燃烧室,可以分为开环控制和闭环控制,其中,前者的系统简单但是作用效果有限,后者复杂但是应用前景更为广阔。在实验室研究中,最常用的方法是利用扬声器产生特定频率声波对火焰场中的热声耦合进行调控(Lang et al.,1987;Dowling et al.,2005;O'Connor et al.,2015;张晓宇,2014)。此外,对于黎开(rijke)管燃烧器,清华大学的翁方龙等(2014)使用穿孔陶瓷和铁丝网,结合数字控制系统对拍振和极限环进行了主动调控研究,浙江大学的周昊等(2015)使用横向射流抑制了燃烧不稳定性。主动控制通常基于流场速度脉动、火焰释热率脉动和压力脉动等多场耦合作用开展,我们需要深入理解复杂的燃烧动力学机理,建立火焰传递函数模型甚至非线性的火焰描述函数模型(Lieuwen,2003;Huang et al.,2009)。

无论是对被动式还是主动式控制方法的研究,虽然目前研究人员在理论和实验上取得了大量进展,但所建立的实验室尺度模型与真实燃烧器之间存在着巨大的差距。首先,实际燃烧器结构复杂,燃烧功率大;其次,采用大分子液态燃料雾化燃烧,而非简单的气相燃烧;再次,燃烧不稳定性发生在高强度湍流燃烧中,基于来流速度和压力的控制存在迟滞效应;最后,燃烧室存在几十至上百个喷嘴产生相互作用的火焰,而非单个孤立的喷注系统(Poinsot,2017)。目前的调控方法不仅不能全面、有效地控制复杂燃烧行为,也无法彻底克服极端工况条件,甚至可能带来新的不稳定问题,亟须发展更加多样化和灵活的燃烧调控方法。

因此,等离子体助燃作为新型的直接调控技术应运而生,基于可控性强、作用路径多样和延迟时间短的优势在 21 世纪得到了迅速发展(Starikovskiy et al.,2013;Ju et al.,2015;Adamovich et al.,2015;Popov,2016;Yang et al.,2017),并于 2009—2014 年入选美国国防部跨学科大学计划(MURI)重点资助研究(Lempert,2015),2016 年被列入我国国家自然科学基金"十三五"发展规划的优先发展领域。

1.1.3 等离子体调控燃烧的优势分析

等离子体是一类特殊的物质,由自由移动的带电粒子(电子、离子等)和中性粒子组成,表现出准电中性和集体行为,是宇宙中区别于固、液、气态的第四类物质形态(Chen,1974;Lieberman et al.,1994;Fridman,2008;邵涛 等,2015)。等离子体在宇宙中广泛存在,具有非常宽泛的粒子密度和温度。图 1.3 是参照美国劳伦斯利弗莫尔国家实验室(Lawrence Livermore

National Laboratory，LLNL)等离子体带电粒子密度-温度相图所绘制的示意图，既包含极光这种稀薄等离子体，也包括太阳核心这种高温高密度的等离子体，还包括人类研制出的磁约束聚变反应堆(magnetic fusion reactor)和惯性约束核聚变(inertial confinement fusion)装置等强电离高温等离子体。此外，火焰也是一种弱电离的等离子体，其在化学反应过程中生成了少量自由移动的电子和离子，带电粒子的密度在 10^{15} m^{-3} 量级。

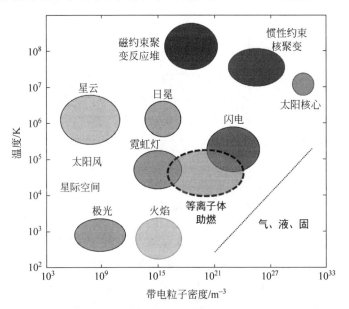

图 1.3　等离子体粒子密度-温度相图(参照 LLNL)

等离子体可以根据热力学平衡状态进行划分，太阳及核聚变装置是典型的热力学平衡等离子体。而本书用于助燃的等离子体多处于非热力学平衡状态，所含带电粒子的能量(温度)远高于中性气体分子和重粒子的平均温度，又可称为冷等离子体。图 1.3 中的虚线标记了本书用于助燃的非平衡等离子体的参数范围，电子密度为 $10^{16} \sim 10^{21}$ m^{-3}，电子温度为 $0.5 \sim 10$ eV，这里的电子伏特(eV)是电子温度的单位：1 eV≈11 605 K。非平衡等离子体助燃作为一种比较新颖的主动调控技术，具有以下显著优势。

(1) 等离子体对火焰的作用路径多种多样。如图 1.4 所示，结合普林斯顿大学琚诒光和孙文廷的综述性工作(Ju et al.，2015)，等离子体助燃的路径可以被归纳为三方面：热效应、化学动力学效应和气动效应。热效应体现在提高局部温度，类似值班火焰达到加强和稳定燃烧的目的；化学动力学效应通过放电激发、碰撞和离解产生大量活性物质,包括离子(如 O_2^-、N_2^+)或电子、自由基(如 O、H、OH)和激发态物质(如 N_2^*、$O_2(a^1\Delta_g)$),能够加快燃料在低温和极限条件下的反应速率;气动效应通过离子风改变局部流场增强湍流度和掺混,或促使大分子物质破碎成更容易扩散和输运的小分子。此外,任翊华等(2018)通过研究发现,电场也可以与火焰直接发生相关作用。

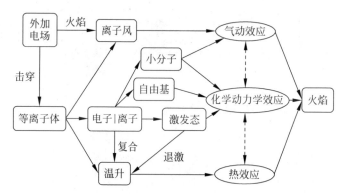

图 1.4 等离子体/电场与火焰作用路径图

(2) 等离子体可以直接作用于燃烧区域,延迟时间较小。如图 1.5 所示,传统的燃烧调控方式主要通过速度或压力脉动等比较单一的途径来传递影响(Candel,2002),从发出调控信号到作用于火焰存在迟滞效应;此外,传统方法会对整个流场和火焰场产生影响,缺乏针对性。相比之下,等离子体既可以通过流场传递离子风效应,类似于传统方式间接地作用于火焰;又可以在火焰反应区域发生击穿放电,从而直接、迅速地向火焰锋面注入热量和自由基等活性物质,相比于火焰反应的特征时间几乎没有延迟,实现了对反应速率和火焰结构的实时调控。

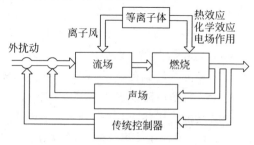

图 1.5 传统燃烧不稳定性调控(Candel,2002)与等离子体调控的比较

(3)等离子体源具有多样性,且输出参数灵活。本书主要利用高压电场击穿产生的等离子体,未包括磁场诱导的等离子体。电源技术的发展为等离子体助燃的开展提供了良好的保障,常用的等离子体驱动电源包括直流/交流电源、纳秒/微秒脉冲电源、微波电源和射频电源等,甚至可以采用不同电源的组合,产生具有不同电子温度、电子密度和作用频率、时间长度的等离子体,具体的等离子体类型将在后文进行介绍。此外,我们还可以设计等离子体或者电场的电压、频率、脉宽等不同参数,丰富等离子体作用路径的多样性。

图1.6是低压条件下直流气体放电的伏安特性曲线(Roth,2001),可以看出,电压首先上升到 C 点后开始出现比较强的电离,随之进入汤森放电(Townsend discharge)区间,然后随着电压和电流上升,在 D 点形成电晕放电,并进一步在 E 点达到击穿阈值,发生击穿进入辉光放电区域。若电流进一步增大,则会形成电弧放电。从 A 点到 K 点的各阶段,放电参数发生了明显的变化,因而对火焰的调控作用也有很大区别,可以根据实际的调控需求进行设计。

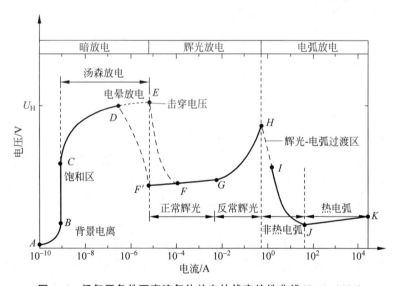

图1.6 低气压条件下直流气体放电的伏安特性曲线(Roth,2001)

1.1.4 等离子体在新型燃烧技术中的应用

出于节能和低排放的需求,工业燃烧领域陆续发展了一系列新型燃烧、反应技术,包括燃料电池(Boudghene et al.,2002)、冷火焰(cool flame)(Ju et al.,2019)、柔和/无焰燃烧(MILD/flameless combustion)(Cavaliere et al.,

2004；Perpignan et al.，2018)、低温燃烧(low-temperature combustion)(Battin-Leclerc,2008)、微尺度燃烧(microscale combustion)(Ju et al.，2011)等。其中,燃料电池技术打破了基于传统热力循环的燃料使用方法,理论上可以达到极高的转化效率和零排放,但是目前其成本仍然较高(Debe,2012；Staffell et al.，2019)。另外几种技术本质上还是依托传统的燃烧反应,主要思路是降低反应核心区温度以减少 NO_x 排放,但可能引发熄火和燃烧不稳定性。

以冷焰燃烧为例,冷火焰温度在 1000 K 以下,它在大气压条件下很难稳定存在,等离子体的介入为形成和研究冷火焰提供了便利(Ju et al.，2011)。例如,Sun 等(2014)使用纳秒脉冲放电,研究了等离子体在冷火焰区域的直接放电和调控效果,结果表明,等离子有助于提高 CH_2O 等自由基浓度,能够显著改变化学反应路径,从而缩短反应所需的停留时间。更多的对常压下大分子燃料的冷火焰研究借助臭氧(O_3,ozone)的辅助(Sun et al.，2019),研究的直链类烷烃燃料从正庚烷(C_7)到正十四烷(C_{14}),研究对象包括扩散火焰的着火、熄火和预混火焰的维持、传播等(Reuter et al.，2016,2017a,2017b；Yehia et al.，2019,Won et al.，2015)。可以注意到,等离子体是最常见的臭氧发生器,并且对等离子体助燃的研究也表明,等离子体在氧气中放电生成的氧基活性物质,如 $O(^1D)$、O_3 和 $O_2(^1_a\Delta)$,是促进燃烧的重要中间产物,因此臭氧辅助燃烧也可以纳入等离子体助燃的范畴。

等离子体对于其他一些新型燃烧技术也可以发挥独特的作用。例如,Wada 等(2015)设计了同轴射流的等离子体辅助 MILD 燃烧的反应器,并经过研究发现,纳秒脉冲驱动的介质阻挡放电能够拓宽 MILD 燃烧的区间,并且改变火焰的形态和结构；Nagaraja 等(2015)和 Rousso 等(2017)研究了纳秒脉冲放电作用下正庚烷的低温着火、氧化和裂解,发展了低温条件下等离子体参与的正庚烷裂解和氧化反应机理,证实了放电对于低温裂解和氧化反应路径的调控作用；北京交通大学的孙进桃等(2020)和毛兴谦(2019)也采用实验和模拟的方法研究了纳秒脉冲放电对甲烷和 C_5 燃料低温氧化与点火的辅助作用。

1.2　共性科学问题

1.1 节的背景介绍归纳了等离子体调控燃烧的可行性和优势,对于这个问题的基础研究,核心是理解等离子体与火焰之间的相互作用规律及得到的实际助燃效果。由于等离子体和火焰体系存在非常宽泛的时间、空间尺度,因此目前对于等离子体助燃的研究以实验为主,数值模拟工作多集中在零维。从实验科学角度归纳待研究的几点共性科学问题如下。

(1) 关键物理量的测量。等离子体调控燃烧体系中,需要对等离子体或电场、流场、火焰场等物理场进行解析,关键的中间物理量包括电场、电子密度、电子温度、流场速度、火焰温度、自由基等活性物质,其中电学参数及部分自由基的测量需要较高的时间分辨率(小于 10^{-6} s),而在层流和弱湍流体系中,流场和火焰温度的分辨率要求相对比较宽松(大于 10^{-3} s)。实验中对于这些物理量的测量多采用光学诊断,借助先进的激光技术和光谱学可以得到大量瞬态信息。

(2) 关键物理关系的解耦分析。从图 1.4 中可以看到,等离子体和火焰之间的相互作用存在多条路径,而不同路径之间存在强烈耦合关系。此外,图 1.4 仅阐述了等离子体对火焰的单方向作用,实际上火焰对等离子体也存在反馈作用。因此,在研究等离子体助燃时,通过实验设计尝试将不同的物理作用路径进行解耦分析,对于理解助燃机理和建立物理模型是十分有必要的。

(3) 助燃效果的提升。等离子体助燃本质上是应用科学,需要形成对燃烧进行调控的新方法,或者开发新的燃烧技术。然而,实际的燃烧是十分复杂的,如液体喷雾燃烧、高强度湍流燃烧等,因此除了研究等离子体对小分子层流火焰的作用机理外,还需要探索等离子体助燃的实际应用出口,特别是当燃料分子量、流速、压力、燃烧器尺度等工况和环境变复杂时,等离子体助燃能否依然发挥作用。

1.3 研究现状

关于火焰电离特性的探索可以追踪到 1600 年前后 Gilbort 的工作(Lawton et al.,1962),19 世纪初,Brande 等(1814)研究了等离子体电弧与火焰的相互作用,发现在放电时火焰向电极移动。20 世纪初,Haselfoot 和 Kirkby(1904)发现在特定低压条件下,等离子体放电有助于点火。Lewis(1931)探究了甲烷、乙烷等多种燃料形成的火焰在电场中的行为,发现火焰倾向朝着负极移动,如同正离子流体一般运动,此外,火焰的传播和熄灭行为都受电场的影响。Lawton 等(1962)探讨了火焰和电弧的耦合作用,并提出可以用电弧稳定火焰。Clements 等(1981)将微波作用于乙烯、乙炔、丙烷和空气的混合气,发现微波可以将火焰传播速度提升近40%。Carleton和Weinberg(1987)研究了外电场对蜡烛火焰的作用,并探讨了电场在火焰中形成的体积力。早期的这些研究能够发现一些表观的等离子体或电场对燃烧的调控作用,但是由于电源技术不成熟,以及光学测量等诊断手段的匮乏,研究内容不够深入,且缺乏对详细机理的理解。等离子体助燃可以认为是在21世纪后得到快速发展的新型技术,本节将从等离子体分类、不同助燃效果和诊断技术等方面,对等离子体助燃的研究现状进行阐述。

1.3.1 面向助燃的等离子体放电技术发展

本书使用的等离子体一般通过高压电极击穿间隙的反应气体形成。根据汤森放电理论,电极放电从电离开始,种子电子在碰到下一个粒子前被加速到足够高的能量,可以轰击下一个粒子至少产生一个二次电子,这样不断碰撞就会造成电子雪崩,从而实现气体在宏观尺度的击穿(Raizer,1991; Roth,2001)。击穿的电压受电极形状及其布置方式、介质气体和电源波形等参数的影响,因此根据电源、电极和电介质的不同,衍生出了一系列的等离子体产生方式,具体的放电参数如表1.3所示。

从图1.6来看,本书使用的等离子体主要集中在从D点(电晕放电起始)到I点(非平衡电弧向热电弧转变)的区域。目前被证明对燃烧有显著增强作用的包括电晕放电(corona)(Cathey et al.,2007)、介质阻挡放电(dielectric-barrier-discharge,DBD)(Stange et al.,2005)、滑动弧放电(gliding arc)(Gao et al.,2019)、微波放电(microwave)(Hemawan et al.,2006)、射频放电(radio-frequency)(Thelen et al.,2013)、纳秒脉冲放电(nanosecond discharge)(Sun et al.,2013; Li et al.,2016)。其中,纳秒脉冲放电是采用纳秒脉冲电源驱动的放电类型,可以与前述其他放电方式耦合,考虑到纳秒脉冲放电形成的等离子体具有独特的化学动力学优势,因此通常被单独归为一类。纳秒脉冲放电生成的电子密度和电子能量高,化学效应显著,而气动效应和电场效应较弱,广泛用于等离子体助燃的化学动力学研究(Ju et al.,2015);但是其电源线路相对复杂,电磁干扰(electromagnetic interference,EMI)强烈,在实际应用中需要探索更简单、便捷和低成本的放电方式(李平 等,2015)。

表 1.3 常见的不同类型非平衡等离子体的特性参数

等离子体	击穿电压 U/kV	放电电流 I/A	电子密度 $N_\mathrm{e}/\mathrm{m}^{-3}$	电子能量 T_e/eV	约化场强 $(E/N)/\mathrm{Td}$	助燃实例	文献
电晕放电	0.1~50.0	0.01~50.00	10^{12}~10^{15}	1~5	50~200	生成臭氧 内燃机点火	Wilk et al., 2010 Theiss et al., 2004
介质阻挡放电	1~10	10^{-4}~10^{-3}	10^{17}~10^{19}	1~5	10~100	污染物控制 超音速流动控制及稳定燃烧 改善回火及燃烧不稳定性 燃料重整	Plaksin et al., 2010 Matsubara et al., 2013 Versailles et al., 2012 Antonius et al., 2006
滑动弧	1~10^5	1~10^5	10^{21}~10^{22}	0.5~2.0	0.5~2.0	提高熄火极限拉伸率 稳定预混火焰	Ombrello et al., 2006 Zhu et al., 2015
微波放电	0.1~100.0	0.1~1.0	10^{15}~10^{23}	1~5	10~50	提高稳定性，拓展贫燃极限 提升火焰传播速度	Ehn et al., 2017 Zaidi et al., 2006
射频放电	0.5~2.0	10^{-4}~2	10^{17}~10^{19}	1~5	10~100	内燃机点火	Mariani et al., 2014
纳/微秒脉冲放电	1~100	50~200	10^{21}~10^{22}	5~30	100~1000	改善着火特性 拓展贫燃极限 克服燃烧不稳定性	Sun et al., 2013 Cui Wei et al., 2019 Lacoste et al., 2013

注：部分数据源于 Ju et al.，(2015)。

1.3.2 等离子体对于火焰关键特性的调控效果

根据火焰调控的实际需要,可以合理地选择等离子体放电类型及电极布置方式,有针对性地对火焰的着火、熄火、稳定性和污染物排放等进行控制,目前的研究在各个方面均取得了一定进展。

1) 对于点火、着火的改善作用

在贫燃和低温燃烧条件下,发动机需要应对点火边界窄和点火困难等问题,等离子体通过燃料重整和产生自由基及激发态物质促进点火(Gutsol et al.,2011),特别是在当量比、温度和流速等处于极端状态时具有显著的意义。Sun 等(2013)在对冲火焰上运用纳秒脉冲放电技术,将 CH_4-O_2-He 体系的着火温度降到 900 K,甚至在一定工况下可以改变传统 S 形曲线的形状,实现等离子体作用下的不熄火状态;特别是对 1.1.4 节介绍的低温氧化和冷火焰具有重要的调控意义。进一步地,在更贴近工业级燃烧器的研究中发现,微波放电能够显著改善点火内核,实现更快的点火过程并将贫燃极限拓宽 20%～30%(Lefkowitz et al.,2012)。美国联合技术研究中心在 6 kW 级的小型燃气轮机上测试了纳秒脉冲放电,发现等离子体能够显著抑制压力脉动幅值,从而控制高频不稳定性(Kim et al.,2017)。Xiong 等(2019)将纳秒脉冲放电应用到了一个 50 kW 级的径向燃烧器上,结果显示,等离子体可以显著缩短着火时间,并且不会增加太多的 NO_x 排放量。此外,在马赫数大于 2 的脉冲爆震发动机中,纳秒脉冲放电被用于改善点火延迟时间,进而调控爆燃与爆震的转捩过程(Starikovskiy et al.,2012)。李钢等(2012)综述了俄罗斯在等离子体助燃方面的研究进展,介绍了针对超音速点火和稳燃发展的大量放电装置及相应的燃烧组织方法。

国内针对等离子体点火的应用已开展了一系列重要工作,例如,空军工程大学的吴云和李应红(2014)成功将等离子体用于飞行器的流动控制与点火助燃,提升了发动机的推进效能;于锦禄等(2018a,2018b)将等离子体射流和滑动弧成功运用到了多种航空发动机的点火与助燃上;林冰轩等(2018)使用多通道纳秒脉冲放电促进了低压条件下的初始火核发展,可大幅提高点火效率并缩短压力延迟时间。哈尔滨工业大学的唐井峰等开发了基于脉冲放电和直交流电弧的多种等离子体激励器,并运用到超声速燃烧和推进设备中(唐井峰 等,2017;李寄 等,2017)。航天工程大学的洪延姬等(2018)测试了等离子体矩对超声速气流点火和燃烧的作用效果。北京航空航天大学的韦宝禧等(2012)开发了应用于超燃冲压发动机的热等离子体点火装置,测试了在来流马赫数为 2.0,总温为 1500～1950 K,当量比为 0.1～0.55 的条件下,对乙烯和氢气的点火。中国科学院力学所的李飞等(2012)在凹腔结构中采用 1.5 kW 的电弧实现了来流马赫数为 2.5,总温为 1650 K 的煤油点火和稳燃。总体上,国内偏向采用热效应较显著的热(暖)等离子体进行点火技术开发,对等离子体和反应物的具体作用机理及等离子体的耦合作用路径还需要开展更深入的探索。

2) 对于贫燃吹熄极限的拓展效果

等离子体助燃对贫燃吹熄极限具有显著的改善作用。Sun 等(2012)在层流对冲扩散火焰的氧气侧布置了纳秒脉冲放电装置,在混入了 2%甲烷的 O_2-Ar-He 混合气中放电生成 O 原子等活性物质,极大地拓展了熄火拉伸率极限。对于湍流或旋流燃烧,Pilla 等(2006)发现对 25 kW 的湍流预混丙烷火焰($Re=30\,000$),采用仅 75 W 的纳秒脉冲放电可以改变火焰根部结构,大幅拓展贫燃极限,并通过激光测量发现放电显著促进了自由基的生成。Barbosa 等(2015)发现等离子体可以提高燃烧效率,减小火焰湍动的幅度近一个量级,将贫燃极限从 0.4 拓展到近 0.11,他们认为主要是由于纳秒脉冲放电迅速加热了局部气体产生了气动效应,与 Pilla 等强调的化学效应有所不同。

3) 对于燃烧不稳定性的调控作用

在燃烧室中,火焰场的流速脉动、释热率脉动和压力脉动在满足一定的壁面边界条件时将发生热声振荡,给燃烧器带来巨大威胁。Lacoste 等(2013)用电功率约 4 W 的纳秒脉冲放电有效地改善了热功率约 4 kW 的火焰的热声不稳定性;进一步地,他们发现,电场和等离子体调控火焰传递函数的效果是声场的近 5 倍,从而证明了等离子体技术有望成为一种有效的火焰动力学调控手段(Lacoste et al.,2017)。此外,Bolke 等(2016)认为纳秒脉冲放电可以作为一种可灵活调节的声源产生方式,通过自激励的扰动外加到燃烧系统中,从而对热声不稳定性实施有效的调控。空军工程大学的陈一等(2019)将 DBD 应用于航空发动机的燃烧室,发现等离子体有助于提高燃烧效率,改善出口温度场的均匀性;航天工程大学的周思引等(2019)开发了氧气 DBD 射流促进燃烧和掺混过程,以较低的费效比提高了燃烧强度的均匀性;清华大学的崔巍(2019)通过匹配微秒脉冲放电和来流脉动的时间差,成功利用放电的重点燃效应克服了空气来流脉动引起的旋流燃烧低频不稳定性。上述国内外的研究论证了等离子体调控燃烧不稳定性的可行性,但是对等离子体作用机理的认识还未统一。

4) 对于污染物控制的效果

等离子体是一种常用的污染物控制技术,通过降解、催化、吸收等方式可以对气体、液体和固体废弃物等进行处理(Theiss et al. ,2004;Corke et al. ,2005;Kogelschatz,2003)。等离子体助燃对于污染物的调控作用一方面体现在火焰中促进充分氧化,减少不完全反应产物的生成,另一方面在于对物质的重整,促进污染物的转化(Khacef et al. ,2002)。例如,Cha 等采用介质阻挡放电作用于射流扩散火焰中,发现等离子体可以有效地抑制多环芳烃和碳烟等物质的生成(Cha et al. ,2005)。此外,清华大学的赵奉宣等(2016)发现,等离子体对于煤炭等固体燃料的燃烧也能实施有效的调控,促进了传统能源的清洁高效利用。浙江大学在过去十几年里致力于使用滑动弧对废水、焦油、氯苯类和二噁英类有机污染物等进行降解(严建华 等,2009;Zhang et al. ,2019),同时研究了滑动弧的重整治氢技术路线(张浩 等,2016),然而该技术的工业化应用需要进一步提升等离子体的能效。

1.3.3 等离子体助燃中的关键物理量及其诊断技术

等离子助燃是一个耦合了电场、等离子体和火焰的复杂体系,不仅对火焰的各类参数需要测量,还要诊断等离子体和电场的特性及其与火焰的耦合关系。对等离子体和燃烧体系中的时空多尺度效应与非线性动力学的解耦分析依赖先进的光学诊断和实验研究,甚至需要多学科的协同创新发展(李和平 等,2016)。

1) 电学参数

非平衡等离子体对燃烧的一个重要贡献是化学动力学促进作用,即生成大量激发态物质、自由基和活性物质,而等离子体化学效应的强弱取决于电子密度(N_e)、电子能量(E_e)、电场强度矢量(E)或约化电场强度(E/N,N 为粒子数密度)等关键电学参数。图 1.7 展示了干燥空气中放电的数值模拟结果,电子能量在不同转化路径中的占比随着约化场强(E/N)变化(Raizer,1991)。在低 E/N 值时,50% 以上的电子能量传递给了 O_2 振动态,在中等 E/N 值时,将近 90% 的电子能量传递给了 N_2 振动态,而在更高的 E/N 值时,能量主要集中用于 N_2 的电子激发。因此准确测量和控制 E/N 值对理解与调控等离子体助燃中的物理及化学作用路径十分重要。

对于电子密度、能量和电场强度,目前均有相应的测量方法可以使用。汤姆森散射(Thomson scattering)基于带电粒子对光子的弹性散射可以测量电子密度和能量,在等离子体研究中得到了广泛应用(Kempkens et al. ,

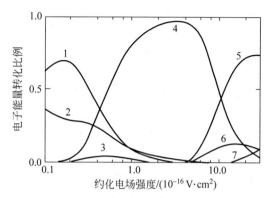

图 1.7　干燥空气中放电时,不同路径中的电子能量转化比例随约化电场强度(E/N)变化的相图(Raizer,1991)
数字表示电子中能量传递给(1) O_2 振动态,(2) O_2 和 N_2 转动态,(3) 弹性损失,(4) N_2 振动态,(5) N_2 的电子激发态,(6) O_2 的电子激发态,(7) O_2 和 N_2 的电离

2000;Roettgen et al.,2014;Simeni et al.,2016)。一般认为,汤姆森散射方法测量得到的电子密度的可信度比较高,但是其本身的信号强度较低,只能测量较低能量的电子,不适用于高能电子,而且实验设备的复杂性也是主要限制性因素。此外,斯塔克展宽(Starke broadening)也是测量电子密度的经典方法,但容易受到多普勒展宽等的干扰,在高气压放电中受到限制(Djurović et al.,2009)。针对大气压条件下的等离子体放电,清华大学的蒲以康教授课题组基于发射光谱,发展了一些测量电子密度或温度的实用性较强的方法,并与传统方法进行了对比(Zhu et al.,2008,2009,2012;Huang et al.,2013)。

除了参与电离、碰撞等物理过程外,电场强度同时也是离子风输运的重要影响因素。电场分布受泊松方程约束,电子和离子等带电粒子的空间变化会引起电场的改变,特别是放电击穿将造成电场在时间和空间上的高度非线性。测量电场可以使用谱线比方法(Paris et al.,2005)和斯塔克分裂法(Kuraica et al.,1997)。谱线比方法利用电场对等离子体中电子能量分布函数的影响,间接地得到电场信息,容易受到电子动理学的影响,且通常使用的是氮离子的谱系。斯塔克分裂法利用的是谱线在电场作用下产生的斯塔克分裂效应,需要采集较强的等离子体发光信号,因此受放电发光的限制,无法测量发光信号弱的区域和放电阶段(黄邦斗,2018)。

另一类经典方法是相干反斯托克斯拉曼散射技术(coherent anti-

Stokes Raman scattering,CARS),通过泵浦激发光、可调谐的斯托克斯光,以及被外加电场激发光的四波混频(four-wave mixing)作用产生 CARS 谱,从而可以定量诊断局部电场,在等离子体中得到了成功应用(Ito et al.,2011;Yatom et al.,2013),但主要局限于分子气体放电。类似 CARS,俄亥俄州立大学开发了四波混频技术,对纳秒脉冲放电中的电场进行了高时空分辨率的解析,但是如图 1.8 所示,该系统非常复杂(Goldberg et al.,2015;Simeni et al.,2017)。同样基于外电场和光电场相互作用的原理,本书结合普林斯顿大学、俄亥俄州立大学和清华大学等单位做出的独立贡献,提出了新一代测电场方法,将在 2.4.5 节进行介绍。

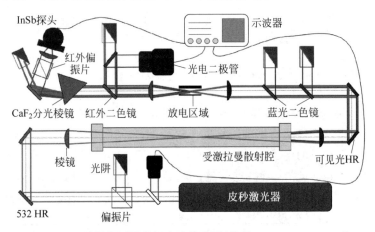

图 1.8　四波混频测量电场光路示意图(参考 Simeni et al.,2017)

2) 激发态物质、自由基、小分子等关键中间产物

等离子体的化学动力学过程由电子雪崩开始,在电场加速下形成大量高能电子,高能电子与气体分子碰撞进一步生成自由基、激发态物质、小分子等活性物质。以 CH_4-O_2-Ar 或者 CH_4-O_2-N_2 气氛中短脉冲放电为例,表 1.4 列举了一些受放电影响的关键激发态物质、自由基和小分子物质,整理了典型的生成、消耗路径及测量方法;部分路径和数据从文献(Starikovskiy et al.,2013;Ju et al.,2015;Yang et al.,2017)中选取,实际的化学作用过程非常复杂,一个组分可能直接涉及几十甚至几百个反应,表中仅列举 1~2 个相关反应。

这些关键产物的寿命有些极其短,有些在温和环境下能稳定存在,具体取决于实际环境。表 1.4 中仅以短脉冲放电为例进行简单划分,未考虑燃烧反应。组分寿命对测量技术的选择有重要影响,对于短寿命的微量组分多采取在线光学诊断方法,如测量 H 的发射光谱(optical emission spectroscopy, OES),对于亚稳态的 Ar^* 也可以用发射光谱技术进行分析。

表 1.4 等离子体助燃的关键中间产物

组分	生成路径	消耗路径	寿命/s	测量方法
Ar^*	$e+Ar \longrightarrow e+Ar^*$	$Ar^* + O_2 \longrightarrow 2O+Ar$	$O(1)$	发射光谱
H	$e+CH_4 \longrightarrow e+CH_3+H$ $Ar^* +CH_4 \longrightarrow Ar+CH_3+H$	$H+O_2 \longrightarrow OH+O$	$<10^{-3}$	发射光谱 TALIF
O	$e+O_2 \longrightarrow 2O+e$ $Ar^* +O_2 \longrightarrow 2O+Ar$	$CH_4 +O \longrightarrow CH_3 +OH$	$>10^{-3}$	TALIF
OH	$H+O_2 \longrightarrow OH+O$ $CH_4 +O \longrightarrow CH_3 +OH$	$CH_4 +OH \longrightarrow CH_3 +H_2O$	$<10^{-3}$	LIF
CH_2O	$CH_3 +O \longrightarrow CH_2O+H$	$CH_2O+OH \longrightarrow H_2O+HCO$	$<10^{-3}$	LIF
$O_2(a^1\Delta_g)$	$OH+O \longrightarrow H+O_2(a^1\Delta_g)$ $H+HO_2 \longrightarrow H_2 + O_2(a^1\Delta_g)$	$H+O_2(a^1\Delta_g) \longrightarrow OH+O$	>1	ICOS
N_2^*	$e+N_2 \longrightarrow e+N_2^*$	$O+N_2^* \longrightarrow NO+N$	$<10^{-3}$	CARS
NO	$O+N_2^* \longrightarrow NO+N$	$HO_2 +NO \longrightarrow NO_2 +OH$	>1	LIF,FTIR
O_3	$O+O_2 +M \longrightarrow O_3 +M$	$O_3 +H \longrightarrow OH+O_2$	>1	吸收光谱
H_2	$Ar^* +CH_4 \longrightarrow Ar+CH+H_2 +H$	$O+H_2 \longrightarrow OH+O$	∞	GC

针对 OH、CH_2O 等自由基多采用激光诱导荧光(laser induced fluorescence, LIF)技术(Daily,1997),将入射激光波长调谐到待测组分的某个吸收线,待测组分被激发到电子激发态并产生荧光信号,常用的是二维的平面激光诱导荧光(PLIF),目前已经发展到三维的体积激光诱导荧光(VLIF)(Ma et al.,2017)。清华大学的 Cui 等(2019)运用 PLIF 技术解析了微秒脉冲放电调控旋流燃烧体系的 OH 自由基分布,表明放电有助于加强 OH 和反应区的强度。而对于 H、O(及 C、N、CO)等组分,其第一电子激发态位于真空紫外波段,难以直接产生相应波长的激光,或者即便产生也难以穿透空气或火焰,研究人员为此开发了多光子吸收激光诱导荧光(multiple-photon absorption LIF,MALIF)技术(Kohse-Hoinghaus et al.,2002),例如,针对 O 原子开发了双光子吸收激光诱导荧光(two-photon absorption LIF,TALIF)技术,原

子通过虚能态同时吸收两个光子被激发（H 原子可能需要吸收 3 个）(Niemi et al.，2005)。N_2^* 表征了 N_2 的转动或振动激发态,可以采用 CARS 实现比较精准的浓度和温度测量(Pendleton et al.，2012)。$O_2(a^1\Delta_g)$ 是 O_2 的电子激发态,辐射寿命超过 1 h,可以采用吸收光谱结合 Beer-Lambert 定律进行测量,为了提高信号强度,研究人员发展了腔衰荡光谱技术(ICOS)(Miller et al.，2001；Ombrello et al.，2010a)。O_3 在含氧气的等离子体中,通常伴随着 $O_2(a^1\Delta_g)$ 产生,可以利用紫外波段的吸收光谱进行测量(Ombrello et al.，2010b)。Sun 等(2019)最近的综述文章表明,O_3 在烃类燃料,特别是烯烃的助燃中发挥着重要作用。在同一个放电体系中,可以结合多种光学诊断技术,实现对多种组分的测量,有助于充分理解其中的化学动力学过程(Stancu et al.，2010)。除了激光测量外,清华大学的张儒征等(2018)利用分子束质谱测量了等离子体辅助乙烯氧化中的分子、离子、激发态和自由基物质,这种方法能对组分实现较全面的在线原位诊断,但依赖同步辐射光源。

3) 温度测量

温度是一个热力学统计概念,表征分子间的平均动能。电中性火焰的气体分子在时域上大致处于热力学平衡态,但由于火焰面薄、温度梯度大,准确测温仍然具有挑战性。接触式测量常采用热电偶,不仅需要进行辐射修正(Shaddix,1999),也对流场有一定干扰,多用于相对较均匀的体系,不适用于火焰锋面。非接触式测量主要借助激光,典型技术包括瑞利散射(Zhao et al.，1993)、自发拉曼光谱(Meier et al.，1996)、LIF(Daily,1997)和 CARS(Roy et al.，2010)。CARS 通常被认为是复杂燃烧场中最准确的测温方式,除了 CARS 外,几种技术的测量误差均在 10% 及以上(Kohse-Hoinghaus et al.，2002)。特别地,非平衡等离子体中,不同粒子的平动、振动和转动温度均有区别,而 CARS 具备这方面的先天优势,在 N_2 等物质的非平衡热力学温度测量中已有广泛应用(Pendleton et al.，2012)。

4) 流场测量

流场测量可以采用接触式和非接触式的测量方法。接触式测量包括比托管和热线、热膜测速,一般为单点测量,其中热线、热膜测量方法具有很高的采样频率,例如,TSI 提供的测速仪采样频率高达 10^5 Hz,可以采集一维、二维和三维速度,广泛应用于冷态的湍流研究。但接触式测量不可避免地会对流场造成干扰,且探头难以耐受高温或高电压,不适用于火焰或等离子体中的流场测量。非接触式测量通常采用粒子示踪技术,使用随流性好的颗粒示踪流线,常用的方法包括激光多普勒(laser doppler velocimetry, LDV)和粒子图像技术(particle image velocimetry,PIV),通过测量示踪颗粒的速度来反演流场信息,因此颗粒需要具有较好的随流性。LDV 和 PIV 都经过了长期的发展和验证,可以用于测量冷态和热态的流速,但是在带电流体中的应用还比较有限。Park 等(2016)运用 PIV 技术测量了对冲扩散火焰在电场作用下产生的离子风,但是未对颗粒荷电造成的测量误差进行分析。Chang 等(2004)建立了弱电离流体中示踪颗粒的荷电及运动模型,认为颗粒在能被探测到的前提下需要足够小,进而对示踪颗粒的粒径和密度进行了限定,他们的结论在后续很多研究中被直接采用(Benard et al.,2010)。然而不同的等离子体流动中,电学参数可能存在很大差别,对具体案例需要进行更详细的论证。

1.3.4 研究现状小结

等离子调控燃烧技术通过近十几年的发展已经初步形成体系,研究现状表明,该技术在实验室尺度上对促进着火、拓宽贫燃极限、改善不稳定性、降低污染物排放等均有显著的积极意义,但是亟须对实际复杂流场和燃烧环境下的作用机理进行解耦分析,并发展更灵活高效和适用于工业燃烧设备的技术路线。

国际上过去研究等离子体的解耦思路是利用纳秒脉冲放电来加强化学效应,而抑制气动和电场效应,特别是关注纳秒脉冲等离子体对低温氧化的促进效果,而对常压条件和常规直流、交流电源放电的气动效应认识不足,不同学者对相似实验现象的解释不一致,甚至存在冲突。

此外,等离子体助燃的机理研究依赖先进的光学诊断技术,目前针对基本物理量的诊断方法相对较完备,但 CARS、四波混频等一些技术的实验光路和数据处理非常复杂,需要发展更简洁、高效的测量手段以适用于等离子体助燃这种高度非线性系统。另外在弱电离流体中,PIV 和 LDV 等一些传统上应用于电中性流体的测量方法的可行性有待进一步考证。

1.4 本书研究目标及内容

本书针对上述研究现状的不足,通过开展几组代表性的实验及建模分析对等离子体调控燃烧过程的多场动力学进行系统研究,特别是解耦热、电场、气动和化学效应等不同机理,同时发展高效的等离子体直接调控燃烧技术。不同于过去的研究偏向强化学效应及发展化学动力学机理,本节侧重利用实验空间布局或时间尺度的不同来加强对气动和电场效应的关注。具体阐述如下。

(1) 在实验基础方面,设计介质阻挡、纳秒脉冲、滑动弧等放电装置,与对冲平焰燃烧器和旋流燃烧器耦合形成等离子体助燃系统,建立对流速(u)及其脉动量(u')、自由基(CH,OH)、电场(E)、电子密度(N_e)和释热率脉动(Q')等关键参数的光学诊断方法,特别是发展基于二次谐波的瞬态电场测量技术(见第2章)。

(2) 研究表面介质阻挡放电的电场分布及同轴射流介质阻挡放电的流场结构,分析电场体积力(f)形成湍流扰动的过程;继而探究这种宽频扰动分别对平面扩散火焰和预混火焰的传递,基于混合物分数(Z)方程推导了扩散火焰传递函数,通过大涡数值模拟刻画了预混火焰的时空演变(见第3章)。

(3) 探索电场与火焰的相互作用,首先研究未发生击穿的直流、交流电场对火焰位置和结构的影响,特别是发展该体系中的局部电场测量和标定技术。此外,考察纳秒脉冲与直流电场的双源耦合放电,其中直流电场既可以通过外电源负载,也可以由电介质表面残余电荷引起;结合二次谐波测电场技术,对这种情形下的电离波传递和火焰动力学进行了探索(见第4章)。

(4) 解耦分析等离子体的化学作用及它对平面扩散火焰着火和熄火特性的改善效果,测量关键中间组分并结合数值模拟分析化学动力学路径(见第5章)。

(5) 探究等离子体在面向实际燃烧器的复杂工况下的助燃效果。一方面,在层流实验装置上研究放电对多种大分子燃料裂解和着火的促进作用;另一方面,建立滑动弧助燃旋流火焰装置,研究等离子体对高雷诺数燃烧的调控机理(见第6章)。

图1.9总结了上述主要研究内容及在各章节的分布,并交代了研究内容之间的关系和主要研究手段。本书围绕等离子体调控燃烧的关键物理参数和不同作用路径展开。从科学意义来看,本书对已有的测量方法和实验技术进行了发展和补充,对不同物理量之间的作用关系进行了关联,形成了基于等离子体-流场-火焰场的动力学理论模型;从应用意义来看,本书的研究内容是等离子体助燃这种新型燃烧技术发展中涉及的重要问题,对于等离子体设计、布置和参数选取具有指导意义。

本书以实验研究为主,对于光学诊断,一方面,使用传统的测量技术(如PIV、LDV、PLIF),对PIV等在放电环境中的适用性进行了分析;另一方

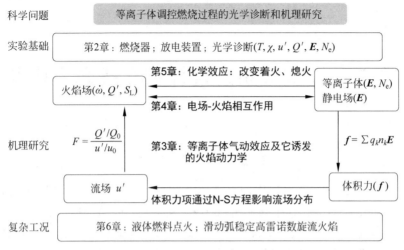

图1.9 本书的研究内容和思路

面,在第 2 章发展了测量电场的新方法,为后续第 3 章和第 4 章的研究奠定了基础。此外,本书还建立了一些理论模型并开展了数值模拟工作,从而加深了对等离子体助燃的理解,如第 2 章中对含体积力的 Navier-Stokes 方程进行的无量纲分析,第 3 章中的 Laplace 方程求解和大涡数值模拟,第 5 章和第 6 章中的 Chemkin 模拟,第 6 章的化学爆炸模式分析,等等。

第 2 章　实验系统设计和在线光学诊断

2.1　本章引言

本章介绍实验系统部分,主要包含等离子体发生装置、燃烧器和在线光学诊断方法:首先设计了介质阻挡放电、滑动弧放电和纳秒脉冲放电等电极结构,搭建了对冲平焰燃烧器和旋流燃烧器等燃烧装置,并且将放电装置与燃烧器进行耦合从而提供等离子体调控燃烧的研究平台;然后介绍本书采用和发展的光学诊断方法,主要用于测量流场、自由基、释热率、电子密度和电场强度等关键物理量;最后,特别论证了电离流体中粒子示踪方法的适用性,发展和标定了电场诱导二次谐波技术并应用到等离子体助燃环境。本章为研究等离子体调控燃烧奠定了实验及光学诊断的基础。

2.2　等离子体放电装置

等离子体根据电子和中性粒子能量分布的均匀性可分为热力学平衡等离子体(equilibrium plasma)和非热力学平衡等离子体(nonequilibrium plasma)(Fridman,2008),本书主要采用后者,可将之简称为非平衡等离子体。非平衡等离子体中的重粒子处于低温状态,而电子密度和能量较高,通过碰撞可以促使粒子间交换能量、动量和电荷等,以及发生电离、复合等物理和化学过程,从而大量产生自由基和激发态物质等活性粒子。

2.2.1　介质阻挡放电

介质阻挡放电(dielectric-barrier-discharge,DBD)是一种被广泛使用的低温等离子体发生方式,具有结构简单、操作方便、电源要求低等多种优点,大量专著和文献对其进行了详细介绍(Roth,2001;Kogelschatz,2003;Fridman,2008;邵涛 等,2015;Brandenburg,2017)。DBD 在两个电极之间加入电介质,电介质表面可积累残余电荷形成反向电场,抑制电流存在时间以防止局部热电弧和火花的形成,从而产生较为均匀的放电。DBD 多采用平板或者同轴结构,包括如图 2.1 所示的几种典型布置方式。本书对平行板结构和同轴圆环结构均有所采用,但在典型结构的基础上做了改进。

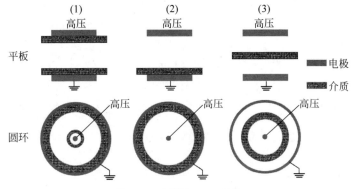

图 2.1　典型的 DBD 结构

1) 表面介质阻挡放电(SDBD)

表面介质阻挡放电(surface dielectric-barrier-discharge,SDBD)是一种常见的非平衡放电形式,由于其结构简单且电流体力学效应显著,被广泛应用于调控流体边界层的稳定性和分离现象,也是实验室中常见的研究等离子体的放电装置(Benard et al.,2014)。本书采用 SDBD 这种简单的放电元件用于等离子体基础研究和诊断方法的测试。图 2.2 展示了实验中使用

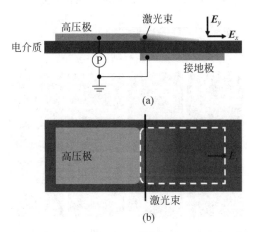

图 2.2　表面介质阻挡放电(SDBD)结构(见文前彩图)
(a) 侧视图;(b) 俯视图

的 SDBD 放电结构,其中,电介质采用氧化铝陶瓷板,宽度约为 25 mm,厚度约为 1 mm。SDBD 可以通过交流电源和纳秒脉冲电源等驱动。

图 2.3 展示了交流电驱动下的典型 SDBD 电压和电流波形。本研究采用信号发生器产生正弦波,经 Trek Model 20/20A 交流放大器放大,输出电压峰值约为 8 kV,交流电频率为 5 kHz。电压波形采用 Tektronix P-6015 高压探针测量,电流波形采用 Pearson 2877 电流探针测量,电流探针带宽为 200 MHz。电流峰主要集中在零电压附近,此时电压变化率较大,特别是当电压从 0 kV 上升到 8 kV 的这 1/4 个周期时,可以测量到大量峰值在 200～600 mA 的电流峰;而在电压从正到负跨越零点时,电流峰也比较多,但是峰值相对较低,主要集中在 300 mA 以下。

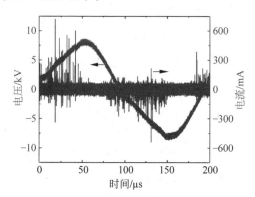

图 2.3 交流电驱动 SDBD 电压和电流波形

图 2.4 展示了交流 SDBD 等离子体的发射光信号,本研究使用 Princeton

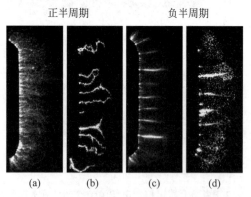

图 2.4 交流 SDBD 等离子体发射光形貌
(a) 曝光时间 100 μs;(b) 曝光时间 2 μs;(c) 曝光时间 100 μs;(d) 曝光时间 2 μs

Instrument 提供的 PI-Max 3 型号的增强型电荷耦合检测器（intensified charge-coupled device, ICCD），结合一个紫外光镜头进行拍摄，并对图中的对比度分别进行了调整。

其中图 2.4(a)和(b)记录的是正半周期信号，图 2.4(c)和(d)记录的是负半周期信号；图 2.4(a)和(c)的曝光时间为 100 μs，正好覆盖半个周期，而图 2.4(b)和(d)的曝光时间为 2 μs，是选取的典型瞬态等离子体形貌。大气压下的交流 DBD 通常呈现为丝状放电（filamentary discharge），正半周期的图片是典型的丝状放电，长曝光时间的图 2.4(a)中的等离子体相对比较弥散，但瞬态图像显示放电由独立的分叉细丝通道组成。在负半周期，放电通道收缩，分布更加不均匀，主要呈现为流注放电（streamer discharge），伴随着局部的弥散放电。

2）同轴射流介质阻挡放电（coDBD）

为了与燃烧器中的同轴射流喷嘴进行耦合，参照图 2.1 中第(3)种电极布置方式，本书设计了一类同轴射流 DBD 放电结构。在这种设计下，介质的内外层空间均有气流通过，中心的线（针）状结构在不放电的情形下，能够最大限度地减少对流场的干扰。图 2.5 展示了电极的布置情况，放电装置是由同轴射流喷嘴改进而成的，主要结构由中心的高压铜针电极、石英管介质和接地的铜喷嘴外壳组成。中心铜电极的直径约为 1.6 mm，顶部打磨成球形，顶端距离喷嘴出口约 40 mm。石英喷嘴作为内部主气流和外部协流的分界，在 DBD 中也扮演着电介质的角色。喷嘴外壳分成不同段，铜外壳作为接地电极，下端的特氟龙是绝缘材料，保证 DBD 结构与管路等连接绝缘。在石英管内部和协流处均使用孔径约 1 mm 的整流筛，以消除气流的不均匀度；根据研究需要，在石英喷嘴出口处选择性地使用整流筛对主流进行处理。在研究冷态等离子体产生的流动效应时，中心气流采用纯氩气（99.99% 纯度），根据帕邢（Paschen）定律，氩气的击穿电压比较低，大气压条件下约为 7 kV/cm；在进行燃烧实验时，中心采用氩气稀释的燃料气体，击穿电压介于纯氩气和纯燃料之间。协流采用氮气作为保护气，因其击穿电压相对比较高，大气压条件下约为 30 kV/cm，在管内可以扮演电介质的角色；在管外作为保护气，可以减轻周围空气的卷吸和干扰。当氮气协流与中心等离子体射流在管口接触时，可能会产生少量激发态的 N_2^* 等活性物质，但这些物质在很短的停留时间内难以扩散至核心反应区，因此在研究等离子体射流的化学效应时忽略了这部分反应。

该同轴射流 DBD 结构由交流电源驱动，实验中几个电源覆盖的输出电

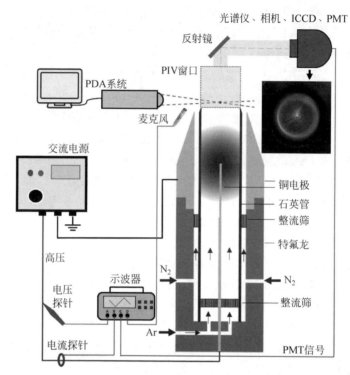

图 2.5　同轴射流等离子体放电装置结构

压范围为 0~30 kV，频率范围为 1 Hz~30 kHz，功率可达到几百瓦，在研究 DBD 时，功率不超过 100 W。电压和电流分别采用 Tektronix P-6015 高压探针和 Pearson 4100 电流探针测量，由 Tektronix DPO2024B 型示波器记录，采样频率约为 1 GHz。等离子体的发射信号采用 ICCD 相机(Princeton Instrument，PI-Max 4)和光电倍增管(Photomultiplier Tube，PMT)等记录。图 2.5 右上角的照片由 Nikon D300 数码相机拍摄，曝光时间为 1/50 s，显示同轴射流 DBD 也是典型的丝状放电过程。

在纯氩气中，当高频交流电压峰值达到 3~4 kV 时就开始出现击穿现象，实验中采用 5 kV 的工作电压(峰峰值约 10 kV)，研究的工作频率主要有 3 个：0.4 kHz、6.5 kHz 和 25 kHz。图 2.6 展示了 6.5 kHz 情形下的典型电压、电流和发射光信号曲线，其中电压波形基本维持了正弦的形状，在放电时刻会出现轻微的弯折(kink)，但是在图 2.6 中不是很明显。电流波形在电压从负值上升到正的峰值处的正半周期中，出现了大量强度达到 20~100 mA 的电流峰，说明流注放电时的瞬态电流极大；对应的图 2.6 内插图(a)中出现了明显的流注放电通道,PMT 的信号强度呈现峰值。而电压从正峰值变化到负峰值的这半个周期中,电流较为平缓,出现了大量 20 mA 以下的细峰,此时的发射光显示放电处于一个近似辉光放电的状态,PMT 记录的信号中出现了一个宽度近 50 μs、约半个周期的峰。因此可以得出结论,高频交流电压驱动的 DBD 放电处于一个流注放电和近似辉光放电不断交替的状态。辉光放电通常在低气压时发生,可以由经典的汤森击穿和电子雪崩理论解释,其基本物理过程是:一个自由电子被加速到高能状态,轰击其他粒子产生新的自由电子并继续加速到高能状态,从而达到雪崩的效果(Raizer,1991; Bogaerts et al. ,2002)。而流注放电则被认为是电子扩散并向前传播形成比较宽的放电通道,伴随着强烈的光辐射,可以在空间任意位置形成并迅速向电极扩散(邵涛 等,2015)。

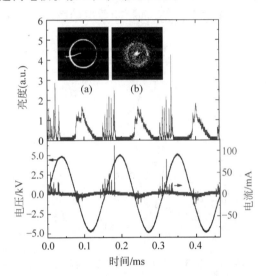

图 2.6　纯氩气中 6.5 kHz DBD 电压、电流曲线及典型时刻的发射光强信号

2.2.2　纳秒脉冲放电

纳秒脉冲放电具有窄脉宽、高能量密度和非平衡效应强等特点,上升沿一般持续几纳秒到几十纳秒,脉冲重复频率可以从几赫兹到几千赫兹(甚至更高)。在纳秒脉冲放电过程中,电子先被迅速加速到高能状态,然后通过碰撞激发将能量转移给分子和原子,从而产生大量自由基或者激发态物质,在反应流中可以加快反应速率。具体的放电形式包括金属电极放电、射流放电和 DBD 等,放电形式可能是电晕放电、辉光放电或火花放电(Pai et al.,2010；邵涛 等,2016)。

1) 纳秒脉冲 SDBD 放电

图 2.2 中介绍的 SDBD 结构除了使用交流电源驱动外,也可以采用纳秒脉冲电源驱动。纳秒脉冲驱动下的 SDBD 等离子体相对比较弥散,结构简单,可重复性较好,比较适合用于电离波的研究。此外,激发态的分子在淬灭的过程中会快速加热气体从而产生一定的压缩波,在高速流体中可以调控流体在剪切层的不稳定性,因而在流动控制中具有应用前景。

本书使用的纳秒脉冲电源由美国俄亥俄州立大学非平衡热力学实验室(NETL)制备和提供。图 2.7 展示了正、负纳秒脉冲驱动 SDBD 放电过程中的电压、电流波形,脉宽约为 200 ns,上升沿约为 50 ns,峰值电压接近 15 kV,图 2.7 中选取电压峰值出现的时刻作为时间零点。电流绝对值在电压峰值前达到最大值 8 A 左右。正、负脉冲放电的电压电流波形曲线具有一定的对称性。

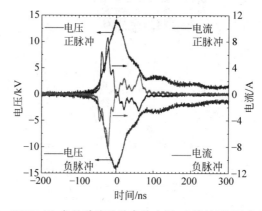

图 2.7 SDBD 正、负纳秒脉冲放电的电压、电流波形(见文前彩图)

图 2.8 和图 2.9 分别展示了 ICCD 相机拍摄的正、负纳秒脉冲放电的瞬态图像。其中,"全脉冲"图像的曝光时间为 400 ns,展示了整个放电周期的等离子体形貌。其余标有快门开启时刻(t)的图片曝光时间均为 5 ns,快门开启时刻对应图 2.7 中的横坐标时间轴。

图 2.8 显示了在正脉冲放电过程中,当 $t=-39$ ns 时,已经能够探测到等离子体信号,此时电流开始上升,意味着开始发生击穿。之后随着电压的增加,从 $t=-39$ ns 到 $t=0$ ns,电离波开始向前传递,传播距离大约为 5 mm;在 $t=0$ ns 时,电压达到最大,而电流降至 0 A。除了正向的传播外,

在$t=20$ ns 时,开始出现第二个电离波,这可以用研究 SDBD 的自相似模型解释(Takashima et al.,2012),当电压上升沿较长时,如图 2.7 中 dU/dt 约为 0.1 kV/ns,初次击穿发生较早($U=1\sim2$ kV),此时当电压继续上升时,沿传播方向在初次电离波后方的电场只有一部分被电离波头部的空间电荷屏蔽,其强度可以导致再次发生击穿。当 $t=80$ ns 时,第二次电离波的亮度达到最大,此时的电流再次达到局部峰值,大约为 2 A。

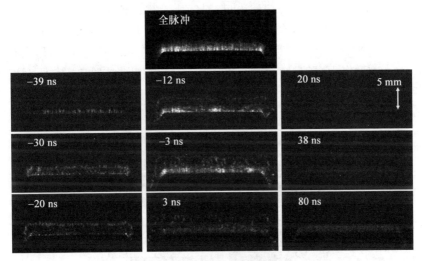

图 2.8　正纳秒脉冲放电瞬态图

图 2.9 显示了负脉冲放电过程与正脉冲放电具有一定的相似性,但是

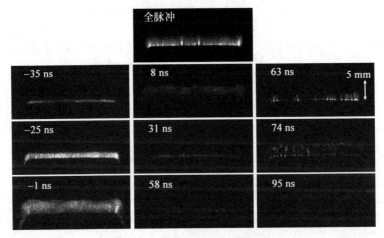

图 2.9　负纳秒脉冲放电瞬态图

电离波更加均匀,大气压条件下形成的这种均匀等离子体非常适合用于开展基础研究。电离波从 $t=-35$ ns 到 $t=0$ ns 之间向前传播,在 $t=0$ ns 时传递到最远位置后,在图中 $t=8$ ns 到 $t=58$ ns 之间发生了反向击穿,$t=58$ ns 之后再次进行传播。

2) 纳秒脉冲平行金属丝网间放电

平行极板间的放电过程和电场分布可以简化成一维的,本书采用金属细丝网制作电极布置在燃烧器出口,对气流干扰比较小。如图 2.10 所示,圆形丝网的材料是钼合金,丝径约为 50 μm,丝网孔径约为 0.8 mm,边缘用双层陶瓷圆环固定,陶瓷圆环的内、外径分别为 28 mm 和 32 mm,厚度约为 0.5 mm,使用陶瓷胶黏结陶瓷环和金属丝网。陶瓷胶同时包覆住了金属丝网裁剪后露出的尖锐部分,防止局部曲率过大形成电晕放电。丝网电极采用铜杆支撑并作为导线引出,在对冲喷嘴出口处平行放置,一个连接高压,另一个接地。

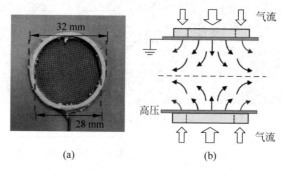

图 2.10 平行丝网电极结构(a)及布置示意图(b)

当平行丝网间距较大,如大于 10 mm 时,所需的击穿电压较高;但是在平行电极间有火焰存在的情形下,击穿电压相对较低。采用常规的直流或交流电源,很容易在丝网电极间形成电弧而将电极烧坏,而纳秒脉冲放电可以在平行电极间形成相对均匀的放电,产生的低温非平衡等离子体对电极的烧蚀作用较弱。此外,上述平行电极可以加载击穿强度以下的直流、交流电压,用于研究平面火焰在静电场中的行为。

2.2.3 滑动弧放电

滑动弧放电是一种兼具热平衡和非热平衡性质的特殊等离子体。尽管有不同的电极设计方式,但通常电极间隙从小到大变化,在电极间隙最小处发生击穿形成电弧,电弧在高速气流的推动下沿电极运动且不断拉长直到断裂,然后重新在电极最窄处发生击穿,如此周而复始(Richard et al.,1996)。滑动弧放电过程中,空间的能量分布极其不均匀,在电弧内部,电子密度和温度分别高达 $10^{16}~\text{cm}^{-3}$ 和 $1\sim10~\text{eV}$,平均气体温度可以达到 1000 K (Fridman et al.,1999),具有热等离子体的典型特征,热效应相对比较显著;但由于气流的推动和冷却,电弧沿着电极滑移,同时具有非平衡等离子体的特性。这种复合性质决定了滑动弧对一些极端条件下的点火和稳燃能够发挥有效作用。

传统的滑动弧结构为刀状电极,本书的研究中将滑动弧与旋流燃烧器结合,为了保证角动量的均匀性,如图 2.11 所示,采用中心旋转体结构作为高压电极,而燃烧器外壳接地。高压和接地电极最窄处的间距约为 2 mm,由于高压电极突出处曲率较大,因此实际击穿电压更低,实验中在不到 5 kV 的空气中可以发生击穿产生电弧,随着高速旋转流体拉伸,直到断裂并重新在最窄处击穿,从而形成循环的滑动弧放电。

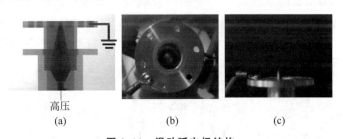

图 2.11　滑动弧电极结构
(a) 3D 模型透视图;(b) 俯视图;(c) 正视图

2.3　燃　烧　器

2.3.1　对冲燃烧器

对冲燃烧器(counterflow burner)是一类用于进行燃烧基础研究的标准实验装置,具有结构简单、流场拉伸率可调、中心轴线上近似一维等多个优点。采用对冲火焰研究流场和火焰结构、化学反应、着火及熄火极限等实验已经具有很长的历史(Law,2006)。根据气流布置方案的不同,可以形成平面扩散和预混火焰。

本书采用的对冲扩散火焰(counterflow diffusion flame)是在两个相对

的圆管射流喷嘴之间形成平面火焰。传统的 Burke-Schumann 射流扩散火焰(Burke et al.,1928)在燃烧器边沿附近的结构较复杂,相比而言,对冲燃烧器可以形成纯扩散火焰,有助于研究火焰结构和燃烧特性。对冲预混火焰则是让燃料和氧化气在喷嘴入口前混合均匀,既可以使用两个喷嘴同时喷射混合气形成双层预混平面火焰,也可以一侧喷射混合气,另一侧喷射惰性气体或燃尽气体形成单侧预混火焰。本研究以单侧预混火焰为主。

本书采用在清华大学吴宁博士的论文(吴宁,2013)中进行过详细介绍的对冲燃烧器的主体结构,此处仅简要说明其主要模块及功能。图 2.12 展示了对冲燃烧器的本体结构,由上、下两个同轴射流喷嘴系统及中间的密封舱体组成。燃烧器本体可以实现密封加压和负压,工作压力范围为 0.2~5 atm①,采用压力表测量表压。燃烧器上的喷嘴流道是同轴的双层石英管,分别通主流气体和协流气体。此外,上喷嘴布置了两级预热系统,分别由两套温控元器件独立控制,主加热元件为中心插入的硅碳棒,加热功率可达 2 kW,辅助加热元件为接近喷嘴出口处套在同轴石英圆管外部的加热腔,内部使用电阻丝进行加热,单独功率可以达到 1 kW。两套加热系统均

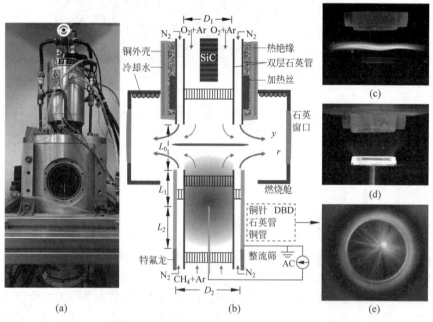

图 2.12 对冲火焰及介质阻挡放电系统

① 1 atm=101 325 Pa。

布置了测温点和反馈回路,通过温控仪表和 RS485 通信进行控制。目前上喷嘴的最高预热温度可以达到 1250 K。为了保护试验系统的安全性,本研究设计了覆盖上喷嘴和密封舱的水冷循环系统,将实验装置的温度维持在 60 K 以内。燃烧器的下喷嘴与 2.1.1 节中介绍的同轴 DBD 装置进行耦合,通过的燃料气先经过 DBD 处理再进入反应区,同时 DBD 等离子体射流可以传播到喷嘴外,直接作用于反应区。此外,燃烧腔体内布置了可以三维移动的热电偶装置,以满足燃烧区域的测温需求。燃烧舱四周开启了石英观测窗口,便于开展光学测量,在常压实验中,可以直接保持窗口开放。以扩散火焰为例,对冲燃烧器一般具有四路气流,包括上、下喷嘴的主流和协流,而上、下两路主流通常都会采用稀释混合气体,因此至少需要 6 个独立的流量计。实验中采用的质量流量计由七星华创公司提供,量程根据实验需要设计,标定误差在 1% 以内,对流量计采用自主编译的软件进行控制。主流气体均在容积约为 2 L 的混合仓内充分混合,混合仓使用了直径约为 6 mm 的玻璃珠填充,具有加强气体混合和防止回火的作用。

燃烧器上、下喷嘴间的距离(L_0)可以在 5~40 mm 的范围内调节,从而控制流场拉伸率(κ)。流场拉伸率表征了速度梯度,是对冲火焰中最重要的物理参数之一。考虑密度加权修正,对冲扩散火焰的平均拉伸率(global stretch rate)用式(2-1)计算:

$$\kappa = \frac{|V_O|}{L_0}\left(1 + \frac{|V_F|}{|V_O|}\frac{\sqrt{\rho_F}}{\sqrt{\rho_O}}\right) \quad (2\text{-}1)$$

其中,V 表示速度;ρ 表示密度;下标 F 和 O 分别表示下喷嘴燃料侧和上喷嘴氧化剂侧。对应地,对冲预混火焰的拉伸率可以通过速度梯度的相反数定义:

$$\kappa = -\frac{\mathrm{d}u}{\mathrm{d}x} \quad (2\text{-}2)$$

2.3.2 旋流燃烧器

本书主要使用对冲燃烧器进行层流火焰研究,而对于高雷诺数的湍流燃烧则采用旋流燃烧器。旋流燃烧器更接近发动机和燃气轮机等工业燃烧设备,在工业应用中,旋流流场结构能起到提高稳定性和降低 NO_x 排放的作用。实验室尺度的旋流燃烧器一般采用轴向旋片式和切向管状式两种布置方案,本书采用的是轴向旋片式的单旋流燃烧器。如图 2.13 所示,燃烧器包括外壳、中心钝体和旋片等结构,并且与前述滑动弧电极进行了耦合,中心钝体连接高压电源,同时为火焰提供驻点促进稳燃。然而,随着发动机等设备向着高参数发展,传统的旋流回流区和钝体稳燃方法已经难以突破工作极限,进一步改善燃烧不稳定性需要发展等离子体调控燃烧等新的手段。

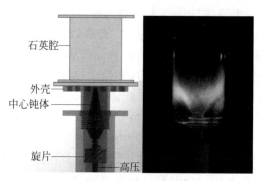

图 2.13　单旋流燃烧器

燃烧器中的旋片直接决定了旋流数,进而可以调节火焰场内的掺混过程和流场拉伸。实验中采用的不锈钢旋片含 8 个倾角为 45°的叶片,根据式(2-3)(Beer et al.,1972)可以计算旋流数(Sw)约为 0.75:

$$Sw = \frac{2}{3}\tan\alpha \frac{R^2 + RR_h + R_h^2}{R(R + R_h)} \tag{2-3}$$

其中,α 为叶片倾斜角,即来流与叶片的夹角;R 表示燃烧器内半径;R_h 是中心体的半径。旋流数达到 0.75,可以产生足够强的回流区稳定火焰。燃烧器的外壳和钝体采用黄铜制作,外壳出口的内径为 18 mm,钝体的三维结构为纺锤形,最宽处的外径为 14 mm,顶端最细处的外径为 2 mm,锥面倾角约为 15°,钝体与外壳间隙最小处间隔 2 mm,滑动弧通常在这个位置产生。燃烧器外壳出口截面是法兰结构,垫有一层厚度约为 2 mm 的石英片,石英片上方可以选择性地放置具有法兰结构的圆管,法兰之间通过螺丝连接固定。圆管内径约为 70 mm,模拟真实燃烧器的受限结构,有利于加强回流区稳定火焰。

2.4　光学测量

2.4.1　弱电离流体的流速测量

本书测量流场的方式包括 LDV 和 PIV,均需要借助示踪粒子显示流场信息。LDV 利用多普勒原理进行测速：激光照射示踪粒子的散射光频率由于粒子运动而发生变化，散射光与入射光之间的多普勒频差正比于流速。实验中采用 Dantec 公司提供的 BSAP60 型多普勒测速仪，包含入射光、接收器、处理器和三维移动台架，可以测量单个点的三维速度，采样频率达到 100 MHz，测量流速可以达到声速以上。PIV 通过激光照射将流场可视化，突破了单点测量的局限性，能够测量平面流场甚至空间流场的瞬态图像和整体结构，可以与其他平面测量技术同步进行或者与数值模拟结果进行对比。如图 2.14 所示，本书采用的是传统的二维 PIV 技术，使用连续激光器（MGL-W）发出 532 nm 的绿光，经过透镜组将光束转换为厚度约为 0.5 mm 的平面激光束。颗粒的 Mie 散射信号由高速相机（Phantom v311）采集，使用的采样频率为 3000 Hz，空间分辨率为 512×512 像素。目前的测速范围为 0.01～10 m/s。LDV 和 PIV 使用的示踪粒子均是公称粒径为 3 μm 的氧化铝颗粒，采用自制的注射推进式流化给粉器供粉。

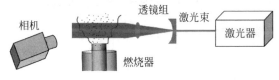

图 2.14　PIV 测速示意图

粒子示踪技术是一种传统的流场测量方法，其可靠性得到了充分论证，并在大量的实验中被广泛应用。然而，在等离子体中，示踪粒子和等离子体的相互作用，以及荷电颗粒在电场驱动下的滑移速度给流场测量带来了新的困难。因此本书以同轴 DBD 射流为例，重点对弱电离流体中粒子示踪技术的可靠性进行了论证。

第一步，研究颗粒对等离子体放电的影响。大气压下的 DBD 是一种弱电离的等离子体，电子密度通常在 $10^{13}\sim10^{15}$ cm^{-3}，为减轻等离子体和粒子相互作用提供了可能性。研究发现，解决这个问题的关键在于选择合适粒径的粒子，既能足够小以满足随流性，又能足够大以在荷电后维持惯性。本书最终选用了粒径约为 3 μm 的氧化铝颗粒，首先通过比较加入颗粒前后的电压电流曲线，考证该种颗粒对放电本身的干扰。图 2.15 表明，加入颗粒后，电流电压保持了原有波形。开展实验时也发现，等离子体形貌的变化不明显，因此基本排除了颗粒对等离子体放电的干扰。

第二步，考证颗粒的随流能力，即斯托克斯数（St_k）需要足够小。颗粒

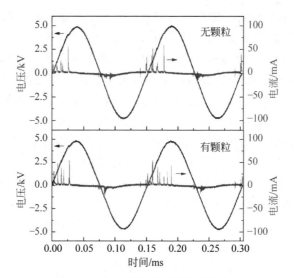

图 2.15 加入颗粒前后放电特性对比

对流场的弛豫时间可以通过式(2-4)~式(2-6)推出：

$$m\frac{\mathrm{d}\boldsymbol{v}_\mathrm{p}}{\mathrm{d}t} = -3\pi\mu d_\mathrm{P}(\boldsymbol{v}_\mathrm{p}-\boldsymbol{u}) \tag{2-4}$$

$$\boldsymbol{v}_\mathrm{p} = \widehat{v_\mathrm{p}}/V_0, \quad \boldsymbol{u} = \hat{u}/V_0, \quad t = t_\mathrm{P}\hat{t} \tag{2-5}$$

$$t_\mathrm{P} = \frac{\rho_\mathrm{P} d_\mathrm{P}^2}{18\mu} \approx 10^{-4}\ \mathrm{s} \tag{2-6}$$

其中，$\boldsymbol{v}_\mathrm{p}$ 是颗粒的速度；$\boldsymbol{u}$ 是对应局部流体的速度；t 表示时间；$\widehat{v_\mathrm{p}}$、$\hat{u}$ 和 $\hat{t}$ 分别是对应的无量纲表达式；V_0 是来流的平均速度；μ 表示气体黏性(纯氩气的黏性约为 2.23×10^{-5} Pa·s)；d_P 表征颗粒粒径。对于 $3\ \mu\mathrm{m}$ 的颗粒，计算得到的弛豫时间约为 10^{-4} s，即可以解析的流场频率达到 10 kHz，满足实验需要的截断频率。

第三步，研究荷电颗粒的滑移速度。一般颗粒荷电机理根据粒径分为两种：场致荷电和扩散荷电(Marshall et al.,2014)，两种机制在 $1\ \mu\mathrm{m}$ 附近的作用都相对较弱，因此颗粒的荷电量较小。本书沿用涂功铭等(2016)采用的方法，使用 Dekati 公司提供的升级版低电压冲击器测量仪(electrical low pressure impactor plus，ELPI+)，测量了 DBD 射流后区颗粒的平均荷电量(q_P)约为 10^2 C，进一步通过式(2-7)~式(2-9)可以计算颗粒的滑移速度：

$$m_\mathrm{P} = \pi\rho_\mathrm{P} d_\mathrm{P}^3/6 \tag{2-7}$$

$$q_{\mathrm{P}}E \cdot \delta t = m_{\mathrm{P}} \cdot \delta v \tag{2-8}$$

$$\delta v = \frac{6 q_{\mathrm{P}} E \cdot \delta t}{\pi \rho_{\mathrm{P}} d_{\mathrm{P}}^3} \approx 3 \times 10^{-3} \text{ m/s} \tag{2-9}$$

其中,ρ_{P} 为氧化铝颗粒密度;m_{P} 为颗粒质量;E 为电场强度,平均电场强度约为 1 kV/cm;δt 表示交流电的半个周期,约为 10^{-4} s,因此可以得到滑移速度误差约为 3×10^{-3} m/s。实验中使用的最小流量对应平均速度约为 0.3 m/s,因此颗粒荷电带来的速度误差不超过 1%。至此,本书基本论证了在 DBD 射流中,可以使用示踪粒子来测量流场的速度分布。

2.4.2　CH/OH 基平面激光诱导荧光

平面激光诱导荧光(PLIF)是测量火焰或等离子体中瞬态自由基分布的常用方法。基本原理是,自由基吸收特定波长的入射光进入激发态后,退激过程发出一定波长的出射荧光,荧光的强弱可以表征自由基的浓度。PLIF 可以测量二维瞬态自由基分布,表征火焰结构和反应强度,同时具有空间、时间分辨率高,对被测对象(火焰、等离子体)干扰小的优点(Daily,1997)。

图 2.16 显示了用于测量对冲火焰结构的 PLIF 系统示意图,本书主要测量了 CH 和 OH 自由基。测量 CH 自由基时,使用 5 Hz 的 Nd:YAG 纳秒脉冲激光器(Quanta-Ray LAB-170)作为泵浦光源,产生三倍频的 355 nm 脉冲光,脉宽约为 10 ns,最高能量可达 400 mJ/pulse。随后,泵浦光进入染料激光器(sirah precision scan laser,Exalite 389 dye),通过安装有 3600 线/mm

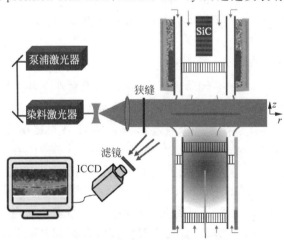

图 2.16　PLIF 测量对冲火焰示意图

光栅的谐振和放大系统,以及棱镜组进行滤波,最终输出频率约为 389 nm 的激光。染料采用乙醇作为稀释溶液,一级振荡和二级放大染料池使用的溶液浓度分别约为 0.09 g/L 和 0.03 g/L。使用 Gentec-EO UP19k 能量计测量输出的 389 nm 激光能量约为 3 mJ/pulse。之后,激光经过凹柱镜(焦距 $f=-50$ mm)和凸球透镜($f=300$ mm)展成厚度约为 0.5 mm 的平面光,经验证,激光在测量区域的厚度和能量较为均匀。

在火焰中,389 nm 的入射光可以激发 CH 自由基的 A-X(0,0)、A-X(1,1)和 B-X(0,1)带,产生 420~440 nm 的荧光。荧光信号经过中心波长为 430 nm,带宽约为 10 nm 的带通滤光镜,被 ICCD 相机(PI-Max 4)采集,相机使用了紫外镜头(LaVision UV),光圈设置为 2.8,焦距为 100 mm,相机增益为 100,曝光时间为 170 ns,快门延迟根据实际调整。

测量 OH 自由基时,光路结构基本不变,主要更换染料和滤光片。OH-PLIF 使用 Rhodamine 590 染料,产生 565.8 nm 的激光,再经过 BBO 晶体倍频和棱镜组滤波,入射激光频率约为 282.9 nm,激发 OH 基 $X^2\Pi\text{-}A^2\Sigma^+$(0,1)能级跃迁,产生 308 nm 左右的荧光信号,ICCD 相机前段采用中心波长为(307 ± 10)nm 的带通滤光片。

PLIF 技术可以刻画自由基分布和火焰结构,但是实现定量化存在很大挑战,主要问题在于激发粒子比例和荧光淬熄。首先,激光只能激发部分自由基,例如,李中山等(2007)的研究表明,仅 35% 的 CH 自由基被激发。其次,荧光淬灭对周围环境敏感,影响因素包括反应温度和组分浓度,因此对纳秒脉冲激光的 PLIF 结果进行标定非常困难(Hanson et al.,1990),本书的 PLIF 结果主要用于定性表征和半定量的比较研究。

2.4.3 火焰释热率脉动测量

火焰释热率能反映燃烧反应的进行强度,而释热率和声压的耦合易导致燃烧不稳定性,因此释热率脉动的测量在燃烧学研究中非常重要。在研究火焰传递函数和不稳定性时,火焰的整体释热率脉动通常可以通过 CH^*、OH^* 和 C_2^* 等的自发荧光信号表征,但其适用条件需要经过严格论证(Panoutsos et al.,2009;Kojima et al.,2005)。

CH^* 自发荧光表征释热率的方法被广泛应用于预混火焰和部分预混火焰(O'Connor et al.,2015),但在湍流和富燃料等复杂火焰中也存在较大不确定性(Najm et al.,1998)。过去对该方法在扩散火焰中的研究和应用相对较少,近些年,Hossain 和 Nakamura(2014)及 Giassi 等(2016)分别用数值和实验的手段论证了该方法在特定扩散火焰中的适应性。在本书中,对于无碳烟、拉伸小、低流速和氩气稀释的火焰,该方法是完全适用的。而在频率响应方面,由于 CH^* 相关反应的特征时间很短,因此在低频部分(小于 100 Hz)可以进行充分解析。CH^* 自发荧光信号在 430 nm 左右,因此本书使用了 (430 ± 10) nm 的带通滤波片,与焦距 50 mm 的 Nikkor 定焦镜头和滨松 CH-253 型号的光电倍增管(PMT)组成 CH^* 自发荧光收集系统,连接示波器或者 NI USB-6356 采集卡记录信号。PMT 测量在黑暗条件下进行,镜头视域覆盖整个火焰并保持角度不变,但未考虑视角纵深角度可能存在的光线吸收和损耗。

2.4.4 谱线法测量电子密度

本书采用清华大学蒲以康教授课题组开发的基于等离子体发射光谱的碰撞辐射模型(collision-emission model)(Zhu et al.,2009),将激发态粒子的发射光谱信息与等离子体中的重要物理参数相联系,如电子温度 T_e 和电子密度 N_e。本书使用的是基于氩等离子体的简单模型,利用氩的特征谱线比估计电子密度。

在大气压条件下,氩原子 2p 能级的动力学过程受电子密度影响,而 2p 能级的粒子数分布可以通过发射光谱进行测量,从而基于此原理反推氩气大气压放电的平均电子密度,该方法的适用性在 Zhu 等(2009)的论文中得到了验证。图 2.17 展示了 6.5 kHz 和 5 kV 条件下,典型氩气放电的发射光谱。

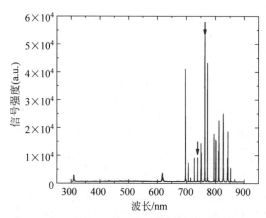

图 2.17 氩气同轴射流 DBD 放电的发射光谱

测量光谱的实验设备是 Princeton Instrument 提供的 PI-Max 4 ICCD 相机和 IsoPlane 光谱仪，实验开始前，采用配套的 IntelliCal 波长和强度标定设备对该系统进行校准。如图 2.17 中箭头所标记，实验中采用了一对特征谱线，基于帕邢(Paschen)标记分别是 $2p_3$-$1s_4$ 跃迁产生的 738.4 nm 和 $2p_6$-$1s_5$ 跃迁产生的 763.5 nm 的谱线，对应的物理过程和爱因斯坦系数(A)如表 2.1 所示，数据源于美国国家标准与技术研究所（National Institute of Standards and Technology, NIST）。

表 2.1 特征谱线参数

序号	波长/nm	过程	爱因斯坦系数/s^{-1}	出处
1	738.4	$Ar(2p_3) \longrightarrow Ar(1s_4) + h\nu$	8.7×10^6	NIST
2	763.5	$Ar(2p_6) \longrightarrow Ar(1s_5) + h\nu$	2.5×10^7	NIST

对应的谱线比可以用式(2-10)计算：

$$\frac{I_1}{I_2} = \frac{A_1 n_1}{A_2 n_2} \approx 0.5 \tag{2-10}$$

结合 Zhu 等(2009)论文中给出的相图，可以估计出平均电子密度约为 10^{14} cm^{-3}。大气压氩气 DBD 等离子体中的电子温度为 1~2 eV，进而可以计算德拜长度(Debye length)约为 10^{-6} m：

$$\lambda_{De} = \left(\frac{\varepsilon_0 T_e}{e N_e}\right)^{\frac{1}{2}} \tag{2-11}$$

其中，ε_0 是真空介电常数(8.854×10^{-12} F/m)；e 是电子电量(1.602×10^{-19} C)。德拜长度是等离子体中表征单个粒子库仑势被屏蔽的特征空间尺寸，将在电动流体力学建模中运用。

2.4.5 基于二次谐波的瞬态电场测量

电场是等离子体中的一个基本物理参数，决定了电子加热过程和高能电子的产生，在等离子体产生的离子风及它对火焰的流体动力学效应中也扮演了十分重要的角色。本书发展了一种较为新颖且更加简便的电场测量方法，该方法基于电场诱导二次谐波(electric field induced second harmonic)原理，可被简称为 E-FISH。二次谐波是一种经典的非线性光学现象，在激光器中广泛应用(Bloembergen, 1987)。在最近的两三年，普林斯顿大学的 Dogariu 等(2017)和 Goldberg 等(2018)，伊利诺伊大学的

Retter 等(2019)、法国的 Chng 等(2019)、清华大学的崔巍(2019)、Cui 等(2019)和 Ren 等(2020)、中科院电工所的 Huang 等(2020),以及本书作者在俄亥俄州立大学 NTEL 课题组(Simeni et al.,2018a,2018b；Tang et al.,2019)访学期间,均将该技术用于测量气相等离子体中的瞬态电场。其中,清华大学的 Ren 等(2020)在研究预混火焰在静电场中的行为时,对不同温度和组分下的电场数据进行了修正,结合冷态测量数据开展了火焰环境中的 E-FISH 标定工作。

E-FISH 基于光学非线性现象：外电场能够使介质发生非线性光学效应,产生的二次谐波与外电场强度等参数相关。具体地,光电场与非线性介质中的分子、原子和电子等发生作用产生激发极化,电极化强度的二倍频成分($\boldsymbol{P}_i^{(2\omega)}$)源于三阶非线性极化效应(Dogariu et al.,2017)：

$$\boldsymbol{P}_i^{(2\omega)} = \frac{3}{2} N \boldsymbol{\chi}_{ijkl}^{(3)}(2\omega;0,\omega,\omega) E_j^{\text{ext}} E_k^{(\omega)} E_l^{(\omega)} \quad (2\text{-}12)$$

其中,N 表示粒子的数浓度；$\boldsymbol{\chi}_{ijkl}^{(3)}$ 表示三阶非线性极化张量；$E_k^{(\omega)}$ 和 $E_l^{(\omega)}$ 表示光电场；E_j^{ext} 是待测外加电场。E-FISH 的作用过程也可以用四波混频解释,其中包含两束频率为 ω 的入射光,即 $E_k^{(\omega)}$ 和 $E_l^{(\omega)}$；电场代替了第三束探测光,之间的相互作用形成了 2ω 信号。此外,E-FISH 的信号强度与波矢的相干作用和相位匹配有关：

$$I_i^{(2\omega)} \sim [\boldsymbol{\chi}_{ijkl}^{(3)}(2\omega,0,\omega,\omega) E_j^{\text{ext}} E_k^{(\omega)} E_l^{(\omega)}]^2 N^2 L^2 \left[\frac{\sin(\Delta k \cdot L/2)}{\Delta k \cdot L/2}\right]^2 \quad (2\text{-}13)$$

其中,L 表示相干作用长度；$\sin(\Delta k \cdot L/2)/(\Delta k \cdot L/2)$ 表示相位匹配。在特定相干长度和相位匹配条件下,E-FISH 信号取决于介质三阶非线性效应、外电场强度、粒子密度和入射光强度：

$$I_i^{(2\omega)} \sim \boldsymbol{\chi}_{ijkl}^{(3)} [E_j^{\text{ext}}]^2 N^2 I_{\text{pump}}^2 \quad (2\text{-}14)$$

其中,$\boldsymbol{\chi}_{ijkl}^{(3)}$ 取决于超极化率(Shelton et al.,1994)：

$$\boldsymbol{\chi}_{ijkl}^{(3)} = \gamma + \mu\beta/3kT \quad (2\text{-}15)$$

其中,β 和 γ 分别为一阶系数和二阶系数；μ 是偶极矩；k 是玻耳兹曼常数(1.380649×10^{-23} J/K)；T 表示气体温度。保持其他几个参数不变,E-FISH 信号与外电场强度的平方成正比,据此可以测量电场强度的绝对值。而电场矢量方向可以通过 E-FISH 信号的偏振方向获得。

图 2.18 展示的是用于 E-FISH 测量的实验光路图,使用 Ekspla PL2143A 型号的 Nd:YAG 激光器,产生 10 Hz,脉宽约为 30 ps,基频为 1064 nm

的激光信号,单脉冲能量可以高达 30~40 mJ,本实验中使用 2~10 mJ。激光经过两个 1064 nm 的高反镜,在通过凸透镜($f=1$ m)聚焦和滤镜去除杂光后进入测试段;产生的二次谐波信号经半透半反镜和棱镜分离,经过偏振片和单色仪等由 PMT 采集。其中一路分离出来的 1064 nm 信号被光电二极管探测作为入射激光的监测。测试段之前使用的凸透镜焦距为 1 m,对应瑞利长度约为 3 cm,因此允许的相干长度约为 6 cm,可以满足一般测试段(小于 4 cm)的需求。经测量,聚焦处的激光光斑直径约为 200 μm,即本实验的空间分辨率。偏振片可以分离不同偏振方向的信号,进而得到电场在水平和竖直方向的分量,从而解析完整的电场矢量。实验中,激光一般使用外触发,与电源一起通过一个八通道数字延迟脉冲发生器(stanford research systems,DG 645)进行触发控制,采用四通道的示波器(LeCroy 104Mxi-A)同时记录电压曲线、电流曲线、二极管探测的 1064 nm 信号和光电倍增管探测的 E-FISH 信号。示波器采样频率为 1 GHz,采集数据时记录的时间窗口为 2 μs。本书中,E-FISH 方法采集的是光程(light-of-sight)信号,入射激光平行于电极,待测电场方向垂直于激光传播方向,即假设在激光传播方向上电场梯度为 0,测量得到的是电极间沿着激光光线的累积信号;在平行电极和对冲火焰这类准一维系统中,可认为解析的是一维系统中单点的信号强度。

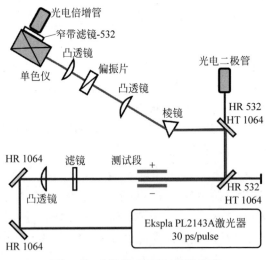

图 2.18　皮秒级 E-FISH 实验光路

在外触发情形下,该激光器输出信号的时刻不稳定,具有约 2 μs 的时间波动(jitter)窗口,正好相当于采集数据的时间窗口宽度。当实验中需要解析图 2.7 中所示一个脉宽约为 200 ns 的纳秒脉冲放电形成的电场分布时,将放电脉冲固定在 2 μs 的时间窗口中间,激光将在窗口内随机扫描(偶尔有溢出现象),每一个脉冲放电工况的解析均采集至少 6000 帧有效数据,激光分布大致为正态分布,零点与脉冲峰值接近。在处理数据时,2 μs 的时间窗口会被分成间隔 5~10 ns 的连续时间格子(中间部分使用 5 ns 的分辨率),格子内数据进行平均后作为格子中间处信号。为了验证测量方法的可靠性,实验中使用了两个平行铜极板作为电极,在空气中进行测试和标定。极板间距约为 4 mm,一端施加峰值约为 9 kV 的纳秒脉冲,一端接地,其间的拉普拉斯电场强度最高可达到 25 kV/cm,此时在空气中还未发生击穿。

实验通过前述方法采集了 6000 余帧数据,图 2.19 展示了中间 1 μs 时间窗口中,激光的数量分布和能量分布。在 −150~150 ns 的核心区域内,采用 5 ns 间隔的格子,落在这个格子内的激光强度将被平均,代表格子中间时刻的瞬态电场分布;该部分的每个格子中保证了近 20 帧信号。在小于 −150 ns 和大于 150 ns 的区域,格子放大到 10 ns,每格中的激光束数量足够大,从而减小了测量值的随机误差。如图 2.19 所示的入射激光能量分布都比较均匀。

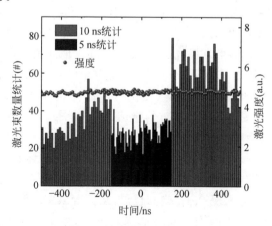

图 2.19 激光束统计及激光强度

图 2.20 展示了在标定过程中不同电场条件下对应的 PMT 信号图,此处取的是对应 5 ns 或 10 ns 格子内的平均信号强度。在电压强度达到 25.2 kV/cm

时,PMT 的信号峰值达到 300 mV,事实上,此时 PMT 的信号已经开始饱和。随着电压的下降,PMT 峰值迅速下降,在 3 kV/cm 时,PMT 的信号峰值仅为 15 mV;而当电场接近 1 kV/cm 时,PMT 的信号峰值仅为 5 mV,此时已经难以分辨,因此在这个测量案例中,电场强度分辨率约为 1 kV/cm。在实际测量小电场强度时,我们可以通过提高激光能量或 PMT 灵敏度来提高 E-FISH 测量的分辨率。

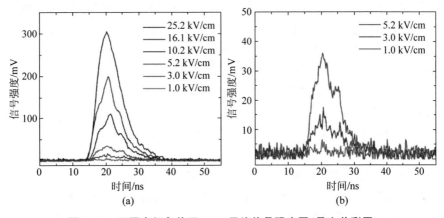

图 2.20　不同电场条件下 PMT 平均信号强度图(见文前彩图)

图 2.21 展示的是测量水平方向电场的标定结果,在平行极板间施加电场时,可以将探针测量的电压值除以极板距离,获得极板间电场强度随时间变化的理论值,如图 2.21(a)中连续线条所示。其中蓝色的点代表测量的二次谐波信号($I_{S.H.}$)均方根,信号首先随着连续曲线上升,波形可以重合。但是当电场强度接近 20 kV/cm 时,蓝色点与连续线开始偏离,这是由于探测的 PMT 开始出现饱和现象。因此在图 2.21(b)中拟合标定参数时,拟合线不是线性的,而是进行了二次方的修正。

完成修正之后,图 2.21(a)中红色的点可以与连续线实现较好的重合,因此本研究将使用二次方的标定参数用于其他数据的标定。在火焰中,一方面温度上升导致粒子数密度下降,另一方面击穿电压降低,因此二次谐波信号偏弱,一般不会出现 PMT 饱和现象,从而可以实现线性标定。二次谐波法可以用于测量等离子体中的瞬态电场分布,相比于四波混频具有操作简单、信号强和组分适用性好的优点。

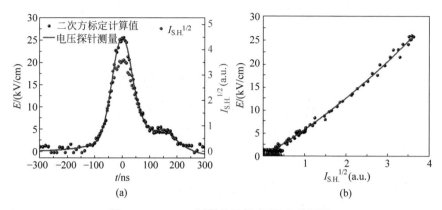

图 2.21 E-FISH 测量结果标定(见文前彩图)

2.5 本章小结

本章基于对冲燃烧器和旋流燃烧器分别建立了研究等离子体调控燃烧的实验系统,包括等离子体放电装置、燃烧器和测量系统。放电设备包括介质阻挡放电、纳秒脉冲放电和滑动弧放电,本章对相应的电压、电流曲线和等离子体形貌进行了初步描述,使用对冲燃烧器和旋流燃烧器来分别提供层流和更接近实际条件的湍流燃烧环境。光学诊断系统包括测量流场信息的 LDV、PIV 技术,测量关键自由基的 PLIF,测量释热率的化学荧光方法,测量电子密度的谱线法和测量电场的 E-FISH 技术。特别地,本章论证了粒子示踪法在弱电离流体中的适用性并选取了合适粒径的示踪颗粒,发展了基于二次谐波的 E-FISH 技术来解析等离子体中的瞬态电场分布。

第 3 章　等离子体的电动流体效应及对火焰的传递

3.1　本章引言

本章主要介绍等离子体中电场力诱发的流场扰动,以及这种流场扰动对火焰的影响。本章首先研究了等离子体在冷态流体(氩气或空气)中的放电行为,特别是 SDBD 中电离波的传播和电场分布,以及同轴射流中的流场结构和能谱规律,建立了含体积力项的 Navier-Stokes 方程对 DBD 等离子体射流进行分析;其次将等离子体的流体效应解耦出来,单独研究等离子体射流造成的流场扰动对平面扩散火焰和预混火焰的传递过程。在数值建模方面,扩散火焰使用混合物分数 Z 方程描述,预混火焰采用大涡数值模拟(large eddy simulation,LES)进行研究。

3.2　介质阻挡放电的电动流体效应

3.2.1　表面 DBD 中的瞬态电场测量

国内外学者对 SDBD 结构产生的离子风效应已经有了比较充分的研究,一般认为,离子风的强度在 0~7 m/s,在静态流体中造成的扰动比较温和,产生的脉动速度频谱与放电频率有关(Benard et al.,2010);在高速流体中,SDBD 可以通过在边界造成扰动实现对边界层分离和不稳定性的有效控制(Little et al.,2010;Corke et al.,2010)。目前对 SDBD 造成的流场扰动规律认识比较一致,但是在放电过程的细节上还存在一些争议。本书不再测量 SDBD 的流场结构,而是利用 E-FISH 技术关注 SDBD 中电场的时空演变,通过高时间、空间分辨率的电场测量工作促进对 SDBD 工作过程的深入理解,从而有利于建立耦合放电和流体力学的数值模型。

SDBD 的结构和放电过程在 2.1.1 节中进行了描述,其中图 2.2 标注了开展 E-FISH 测量时的激光束位置，入射激光平行于电极前沿及陶瓷板。保持激光位置不变，沿着 x 方向和 y 方向移动待测元件，可以得到 SDBD 结构在不同空间位置处的瞬态电场分布。实验测量时，调试激光与 SDBD 表面的实际位置十分重要：首先确认激光与表面是否平行，具体操作是先抬高 SDBD 装置，调整 SDBD 的角度让激光与表面相切，在黑暗环境中可以观察到陶瓷板表面具有比较均匀的光路，此时认为激光与表面平行；然后降低 SDBD 高度约 100 μm，恰好使激光与陶瓷板表面不发生接触，设定这个高度为 $y=0$。对于 x 方向，类似地，先让激光与高压电极前沿相切，然后 SDBD 沿着 x 轴负方向移动 200 μm，设定这个水平位置为 $x=200$ μm，但在后续数据分析中将此点认为是 $x\approx0$ 的数据。采用这种方法调整激光束的空间位置，估计误差不超过 100 μm。

1）纳秒脉冲 SDBD 中的瞬态电场测量

本节分别测量了纳秒脉冲和交流电驱动下的 SDBD 等离子体中的电场分布，由于纳秒脉冲放电时电离波的弥散性比较好，因此本节先重点介绍纳秒脉冲 SDBD 中的瞬态电场测量结果。

图 3.1 分别展示了正、负脉冲放电驱动下，在 $x=0$、$y=0$ 位置处，SDBD 中的瞬态电场分布。无论正、负脉冲，还是 E_x 和 E_y，在脉冲之前都能探测到残留电场。由于 E-FISH 通过偏振来分辨方向，分辨率只有 0°～90°，因此不能从 E-FISH 信号中直接分辨 E_y 是向上还是向下，或者 E_x 是向前还是向后，而是通过数据的连续性进行判定。图 3.1 中 E_x 和 E_y 的正负方向已经得到了校正。负的预电势可以根据 SDBD 表面的残余电荷进行解释，例如，当一个正脉冲放电结束后，表面会积累正电荷，此时由于高压

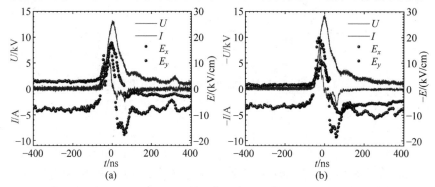

图 3.1 SDBD 正、负脉冲放电中电场分量（见文前彩图）

位置：$x=0, y=0$

（a）正脉冲；（b）负脉冲

极的电势为 0,在 $x=0$、$y=0$ 位置处将形成一个反向的电势差和电场。这点也可以从数据中判定,在 $t\approx -60$ ns 时,随着高压极的电势(U)开始上升,E_x 的绝对值先降到 0,然后随着 U 开始增长;在 $t\approx -40$ ns 时开始击穿,电场强度达到峰值,之后由于等离子体的自屏蔽效应迅速下降。击穿时的绝对电场强度 $E=\sqrt{E_x^2+E_y^2}\approx 15$ kV/cm,略低于空气中的理论击穿电场强度(约为 30 kV/cm),原因可能是激光位置与等离子体电离波稍微存在偏差。电场强度下降后再次上升,在 $t\approx -12$ ns 时发生第二次击穿,与图 2.8 中探测到的等离子体图像一致,此时击穿电场强度约为 23 kV/cm,等离子体的自屏蔽效应减弱。击穿后电场强度再次降低,在 $t\approx 20$ ns 时,E_x 接近 0,并且随着 U 下降,E_x 再次反向。

负纳秒脉冲放电中测量的电场结果与正纳秒脉冲放电相似,此时由于负电荷的积累,在脉冲前有正的残余电场。注意到,图 3.2(b)中的电压、电流和电场强度均是标注的负刻度,这样能与正脉冲放电进行更好的对比。在负脉冲击穿时,击穿电压 $E\approx 20$ kV/cm,之后在 $t\approx 20$ ns 时,E_x 和 E_y 几乎同时降到 0 并发生转向,即此时高压极的电势 $U\approx 10$ kV,说明此时已经达到了等离子体完全自屏蔽的效果。在 $t>20$ ns 时,反向的电场会继续增大,并且出现反向击穿,峰值电场强度 $E\approx 19$ kV/cm。

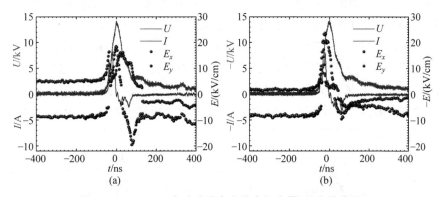

图 3.2　SDBD 正、负脉冲放电中的电场分量(见文前彩图)

位置:$x=1$ mm,$y=0$

(a) 正脉冲;(b) 负脉冲

图 3.2 展示的是在 $x=1$ mm,$y=0$ 处的结果,与图中靠近高压极的结果相似,在脉冲前,E_x 的残余电场更强,随后随着外电势上升而增加,在第一次击穿后达到一个峰值,而在第二次击穿后达到最大,随后 E_x 降到 0 且反向增加;而对于 E_y 来说,电场在 $t\approx -40$ ns 处反向的证据不足,与之不

同的是，在负脉冲时，E_x 的峰值达到了约 25 kV/cm，而此时 E_y 基本上被屏蔽，之后 E_x 和 E_y 都会发生反向。

图 3.3 分别展示了在 $x=2$ mm 和 $x=3$ mm 处的电场测量结果，可以发现，正脉冲第一次击穿的峰值电压很大，结合图 2.8 中拍摄的等离子体形貌，这是电离波在传播过程中不均匀和丝状化造成的。相反，在击穿后，由残余电荷造成的电场强度达到了 17~27 kV/cm。二次击穿的电离波比较弥散，电场测量结果显示，第二次击穿的电离波没有传播到 $x=2$ mm 的位置，因此介质表面存在大量电荷，非中性效应显著。而对于负脉冲，测量结果则不同，由于第一次前向击穿可以传播到此位置，测量得到的电场强度接近 27 kV/cm。在 $x=3$ mm 处，这种趋势更加明显，对于正脉冲，初次击穿时的电场强度很低，反而使残余电荷形成了更强的电场，由于第二次电离波无法到达此位置，使得残留的电荷对下一个脉冲具有显著的影响。而负脉冲同样与正脉冲存在较大差异，几乎延续了 $x=2$ mm 位置处的电场结果，峰值电场强度高达 32 kV/cm。

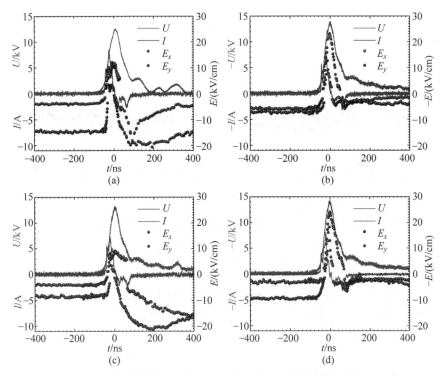

图 3.3 SDBD 正、负脉冲放电中的电场分量（见文前彩图）

(a) 正脉冲，$x=2$ mm，$y=0$；(b) 负脉冲，$x=2$ mm，$y=0$；
(c) 正脉冲，$x=3$ mm，$y=0$；(d) 负脉冲，$x=3$ mm，$y=0$

最后,图3.4展示了$x=3$ mm、$y=1$ mm和$x=3$ mm、$y=3$ mm处的电场测量结果,由于远离介质表面,此时电场强度明显下降,峰值电压不超过10 kV/cm。这也解释了之前测得的电场强度大多低于30 kV/cm的现象,因为激光与介质表面还存在约100 μm的距离,因此要获得更精确的测量结果需进一步提高空间分辨率,或者使用固体透明物质作为电介质来进行二次谐波信号测量。

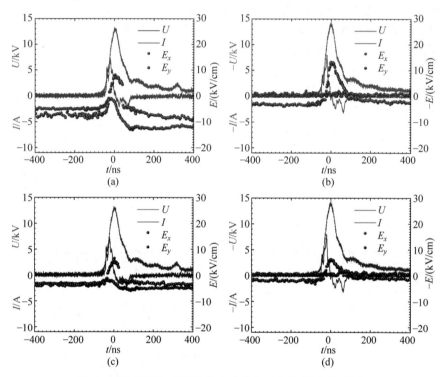

图 3.4　SDBD 正、负脉冲放电中的电场分量(见文前彩图)

(a) 正脉冲,$x=3$ mm,$y=1$ mm;(b) 负脉冲,$x=3$ mm,$y=1$ mm;
(c) 正脉冲,$x=3$ mm,$y=3$ mm;(d) 负脉冲,$x=3$ mm,$y=3$ mm

至此我们完成了纳秒脉冲驱动下,SDBD体系中具有高时间、空间分辨率的电场测量,测量结果与2.1.2节中SDBD等离子体的瞬态形貌相呼应,并探测到了二次电离波等现象。但电场在x方向分量和y方向分量的幅值与变化情况存在明显的差异,还需要进一步开展理论研究和数值模拟。特别需要指出的是,E-FISH定量表征了电介质表面的残余电荷分布,在10 Hz纳秒脉冲重复放电序列中,电介质的表面电荷一直存在,且对每个新的脉冲放电有重要影响。进一步地,虽然本书没有测量流场,但可以肯定的是,残余电荷在流体体积力和离子风的形成中扮演了重要角色,寿命较长的带电粒子在残余电场驱动下运动,残余电荷在一定意义上延长了纳秒脉冲放电的作用时间尺度。

2) 交流 SDBD 中的瞬态电场测量

对于交流 SDBD,本书采用同样的方法测量了电场的分布。图 3.5 展示了 SDBD 中电场测量的部分结果,E_x 分量和 E_y 分量均随着电势差的反向而改变方向,但是存在明显的相位差。其中,E_x 的变化趋势与电势较为接近,在靠近电介质表面的 $x=0$ 处和 $x=3$ mm 处,大约 25 μs 时,E_x 电场强度升到 4~5 kV/cm;经过大约半个周期后开始下降并发生转向,在 $x=0$ 处的电场幅值仍然在 5 kV/cm 左右,而在 $x=3$ mm 处,信号幅值达到近 13 kV/cm。相比纳秒脉冲放电,交流 SDBD 中的电场传播更远,在 $x=8$ mm 处仍然能够探测到比较强的信号,特别是 E_y 分量达到了近 10 kV/cm。与纳秒脉冲相似的是,在 y 方向,电场分量衰减较快,特别是在 $y=3$ mm 处,E_y 基本在 1~2 kV/cm 的量级。

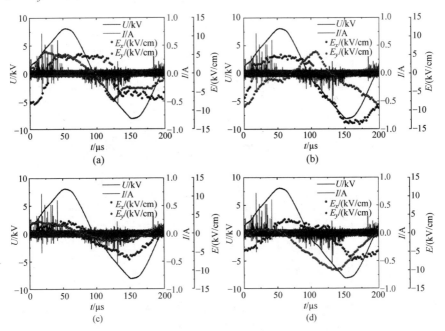

图 3.5 交流 SDBD 电场分量测量结果(见文前彩图)

(a) $x=0,y=0$; (b) $x=3$ mm,$y=0$; (c) $x=3$ mm,$y=3$ mm; (d) $x=8$ mm,$y=0$

需要注意的是，图 2.4 表明，交流电驱动下的 SDBD 放电通道非常不均匀，甚至呈现出流注放电的模式。通常认为，流注通道中的电场强度是周围暗区中电场强度的数倍，而本书使用的 E-FISH 是沿着光程(line-of-sight)进行积分的，得到的平均信号的不确定度较大，因此本节仅简要讨论部分测量结果。但可以肯定的是，交流 SDBD 表面的平均电场强度在几千伏每厘米的量级，作用时间较长，可以产生比较显著的流体力学效应。

3.2.2　同轴 DBD 射流的流场解析

与 SDBD 相似，同轴射流 DBD 也能产生离子风效应。由于是套筒结构，本书没有测量同轴射流 DBD 中的电场分布，而是关注出口处射流的流场结构。如图 2.1 所示，PIV 观察窗口在喷嘴出口处，尺寸为 20 mm×20 mm。图 3.6 分别展示了不放电和 0.4 kHz、6.5 kHz 及 25 kHz 放电时的流场，放电情形下的峰值电压为 5 kV(峰峰值 10 kV)。

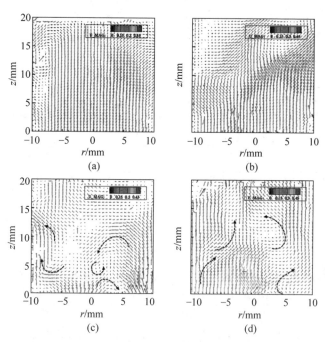

图 3.6　同轴 DBD 射流出口处流场分布(见文前彩图)

主流平均速度为 0.3 m/s

(a) 不放电；(b) 0.4 kHz；(c) 6.5 kHz；(d) 25 kHz

图 3.6(a)是未放电的结果,此时出口速度比较均匀,平均流速约为 0.3 m/s,在边界层位置有所降低,射流中心区在进入大气之后,流速在 $z=$ 10~20 mm 处开始减弱。图 3.6(b)是 0.4 kHz 放电的结果,此时流场开始出现变形,但大体上仍然呈现层流结构,流速分布在 0.25~0.35 m/s,说明 0.4 kHz 放电对流场的扰动比较小,实验中也观察到此时未形成大面积的等离子体放电。图 3.6(c)和图 3.6(d)分别显示的是 6.5 kHz 和 25 kHz 等离子体射流的流场结构,相比于层流,此时流场变形严重,如图中箭头标记所示,可以观测到多个旋涡结构,旋涡位置随时间变化具有一定的随机性。此外,在边界层或者中心区会出现加速或者回流现象,部分区域的流速超过 0.5 m/s。

除了 PIV 显示二维流场结构外,本书用 LDV 测量了时间序列的速度分布,分析了流速的脉动。测量点选在喷嘴出口中心线上距离出口平面 2 mm 处,每个工况在该点测量 10 000 个数据。图 3.7 显示的是经过傅里叶变换处理后的脉动速度频谱,截断频率大约为 600 Hz,在此之后,频谱曲线基本保持水平,也没有特征峰。图 3.7 中,$L1$ 显示的是基频信号,$L2$ 显示的是 3 kV、6.5 kHz 的情形,与基频信号接近;此时体系还没有完全击穿,只有中心高压电极针有微弱的电晕放电,形成的离子风非常弱。$L3$ 显示的是 5 kV、0.4 kHz 的情形,PIV 的结果显示,此时流场虽然有变形但是依旧保持层流的结构,因此脉动强度有所上升,但是与 $L4$ 和 $L5$ 相比差了一个数量级。$L4$ 和 $L5$ 分别是 6.5 kHz 和 25 kHz 等离子体射流的脉动速度频谱,二者几乎重合,此时能量密度比较强,显示等离子体的能量向湍动能发生了转移。然而即使在 0.4 kHz,本书中的频谱曲线上也没有表现出与放

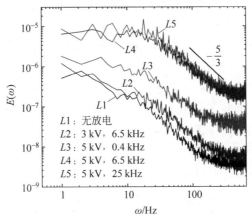

图 3.7 脉动速度频谱分析(主流平均速度为 0.3 m/s)

电频率相关的特征峰,这与以往对 SDBD 的研究(Benard et al.,2010)有所不同。在本书中,等离子体的作用区域较长,特别是放电尖端距离喷嘴出口有大约 40 mm 的距离,因此高频的湍动可能被流场滤波并通过流场黏性耗散;此外,颗粒数的过载及团聚等现象也会导致频谱出现趋同性。

另外一个重要的现象是等离子体射流中测得的频谱曲线斜率接近$-\frac{5}{3}$,以平均流速(约 0.3 m/s)和喷嘴直径(20 mm)刻画的雷诺数低于 400,远远小于层流-湍流转捩的经典阈值(约 2300)。湍流能谱在惯性子区的$-\frac{5}{3}$规律是基于 Kolmogorov 相似假设和量纲理论推导的经典规律,在湍流实验中被多次验证,而且在电动液态流体中也发现过相似现象(Wang et al.,2016)。图 3.6 和图 3.7 说明了同轴 DBD 射流造成的流场扰动不是随机的,而是具有湍流的特征,可以运用经典流体力学的体系来刻画,能量从大尺度向小尺度传递,最终通过黏性耗散。

3.2.3 电场力诱发流场扰动的理论研究

等离子体中的电子激发及它引起的电离反应等均涉及很小的时间(小于 1 ns)和空间尺度,而本书使用的低流速气流在等离子体发生装置中具有相对较长的停留时间(大于 1 ms)。研究发现,流速对放电,特别是电压电流曲线的影响很小;相反,等离子体对流场的扰动却非常显著。大气压下的 DBD 等离子体是丝状放电,直接建模非常困难,为了简化这个体系,本书采用了平均电子/离子密度和平均电场强度来估计体积力,进而借助 N-S 方程来解释流场扰动的产生。

流场的旋涡结构和频谱曲线说明等离子体射流仍然可以被视作连续介质来处理,因此在经典流体力学的框架下,本书考虑一个流体微团,它的尺寸(l)相比于喷嘴足够小,但是相比于分子、离子和电子又足够大,每个微团中都包含了大量的粒子。事实上,在等离子体射流中,德拜长度(λ_D)是一个很合适用于刻画流体微团的特征尺寸。平均带电粒子浓度则用电子密度表征(N_e)。德拜长度和电子密度的数值在 2.4.4 节中已经给出。

假设不可压,对于流体微团可以建立如下动量方程:

$$\rho\left(\frac{\partial \boldsymbol{V}}{\partial t} + \boldsymbol{V} \cdot \nabla \boldsymbol{V}\right) = \nabla P + \mu \nabla^2 \boldsymbol{V} + qn\boldsymbol{E} \quad (3-1)$$

其中,ρ 是质量密度(1.784 kg/m³);P 表示压力;μ 是黏性系数(2.23×

10^{-5} Pa·s);$\boldsymbol{V}$ 是流体微团运动速度;q 是荷电量(1.6×10^{-19} C)。在分析流体湍动时,可以将速度和压力分解成一个平均量和一个脉动量之和:$\boldsymbol{V}=\boldsymbol{V}_0+\boldsymbol{v}$,$P=P_0+p$,将它们代入式(3-1),可以得到

$$\rho\left(\frac{\partial \boldsymbol{v}}{\partial t}+\boldsymbol{V}_0\cdot\nabla\boldsymbol{v}+\boldsymbol{v}\cdot\nabla\boldsymbol{V}_0+\boldsymbol{v}\cdot\nabla\boldsymbol{v}\right)=\nabla p+\mu\nabla^2\boldsymbol{v}+qn\boldsymbol{E} \quad (3\text{-}2)$$

进一步地,可以定义一些无量纲参数将方程无量纲化,无量纲过程按照以下表达式实施:$\boldsymbol{V}_0=U_0\hat{V}_0$,$\boldsymbol{v}=U_0\hat{v}$,$\nabla=\hat{\nabla}/l$,$\boldsymbol{E}=E_0\hat{E}$,$p=\langle p\rangle\hat{p}$;其中,$\hat{V}_0$、$\hat{v}$、$\hat{\nabla}$、$\hat{E}$ 和 $\hat{p}$ 均是无量纲参数;U_0 是来流的平均速度,约为 0.3 m/s;$\langle p\rangle$ 是平均压力脉动;E_0 是平均电场强度,结合 3.2.1 节和 2.4.4 节的研究,E_0 大约在 10^5 V/m 的量级,电子密度在 10^{14} cm^{-3} 的量级。实际的电场强度和电子密度均会随时间与空间变化,下文仅对电场力进行平均量级估计。得到的无量纲方程表达式如下:

$$\frac{\partial \hat{v}}{\partial t}+\hat{V}_0\cdot\hat{\nabla}\hat{v}+\hat{v}\cdot\hat{\nabla}\hat{V}_0+\hat{v}\cdot\hat{\nabla}\hat{v}=Eu(p)\hat{\nabla}\hat{P}+\frac{1}{Re_1}\hat{\nabla}^2\hat{V}+\frac{1}{Fr_e^2}\hat{E}$$
$$(3\text{-}3)$$

无量纲方程式(3-3)包含几个推导出的重要无量纲参数:

$$Eu(p)=\frac{\langle p\rangle}{\rho U_0^2}, \quad Re_1=\frac{\rho U_0 l}{\mu}, \quad Fr_e^2=\frac{\rho U_0^2}{qn_* E_0 l} \quad (3\text{-}4)$$

其中,欧拉数($Eu(p)$)表征压力与惯性力之比;雷诺数(Re_1)表征惯性力和黏性力之比;弗劳德数(Fr_e)表征惯性力和电场力之比。这些特征数刻画了压力脉动、黏性力和电场力对速度脉动量的贡献。类比湍流研究,速度脉动可以用雷诺应力来表征:

$$\tau=u_1'u_1'+u_2'u_2'+u_3'u_3' \quad (3\text{-}5)$$

本书研究了不同来流速度下,等离子体放电对流场的扰动,图 3.8 展示了雷诺应力与平均速度比值随雷诺数(Re_D)的变化规律,以及 6.5 kHz 放电时弗劳德数(Fr_e)和欧拉数($Eu(p)$)随雷诺数(Re_D)的变化。

在不放电的情形下,随着流速增加,雷诺应力与平均速度的比值逐渐增大,这是由于流场开始逐渐向湍流变化,但是当雷诺数达到 3000 左右时,比值逐渐饱和,表明此时流场脉动随着流速几乎同比例变化。与之相反的是,等离子体放电作用下的曲线随着雷诺数增加逐渐降低,在雷诺数达到 3000 之后,曲线也趋于平稳,与不放电的曲线几乎重合;结合弗劳德数(Fr_e)的变化可以说明,此时惯性力已经远大于电场力,流体脉动完全由惯性力主导,电

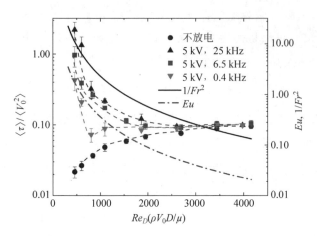

图3.8 不同放电条件下,雷诺应力(τ)及Fr_e和$Eu(p)$随Re_D变化

场力的作用极其微弱。而在小雷诺数的情形下,特别是当$Fr_e>1$时,电场力发挥主导作用,此时雷诺应力与平均速度的比值远比不放电情形时的大。

除了电场力脉动外,放电过程中的压力脉动也可能导致流场脉动,实验中使用麦克风测量了喷嘴出口附近的压力脉动(Ren et al.,2017),图3.9显示的是6.5 kHz放电时的结果,压力脉动$\langle p \rangle$的平均强度大约为250 mPa。

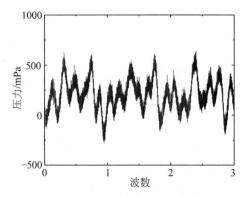

图3.9 6.5 kHz放电时的压力波形

图3.8中显示,$Eu(p)$比Fr_e小约一个数量级,也随着(Re_1)增大逐渐减小。因此可以认为,DBD等离子流中的雷诺应力主要源于电场体积力(EHD force),这个结果与过去对电动流体力学的研究结论相符。在$Fr_e>1$时,主流基本处于层流区($Re_D<2000$),电场力在生成流场脉动中发挥了重

要作用,然而速度脉动易通过黏性力耗散;而当$Fr_e<1$时,Re_D比较大,流体的惯性力占主导地位,脉动速度由惯性导致的流体不稳定性控制。

前面的研究表明,一方面,等离子体射流中的流场扰动是一个宽频率的扰动,能量主要集中在0～100 Hz。考虑到火焰是低通滤波器,对低频比较敏感,因此这类等离子体的气动效应不容忽视。在研究等离子体助燃的作用规律时,有必要将等离子体造成的流场扰动对火焰的影响单独进行深入研究。另一方面,等离子体射流也可作为一个可以控制的扰动源用于对燃烧不稳定性进行研究。过去研究燃烧动力学时,研究者倾向使用简谐波形式的扰动源,通常采用喇叭等电子设备控制,这方面有大量的文献报道,包括一些综述性文章(Candel,2002;Ducruix et al.,2003;Lieuwen et al.,2005;O'Connor et al.,2015),内容包含火焰的响应、结构、传递(描述)函数、热声耦合现象等。然而,最近的研究越来越关注实际燃烧器来流的复杂扰动,这种扰动包含多种频率,可能是脉冲式、简谐式和湍流式的组合(Humphrey et al.,2018)。因此,选用等离子体射流这种宽频和类似湍流的扰动作为扰动源,来研究火焰动力学具有很重要的意义。本书将同轴DBD装置与对冲燃烧器的下喷嘴耦合,3.3节和3.4节将分别探讨等离子体气动效应对扩散火焰和预混火焰的扰动规律。

3.3 对冲扩散火焰对电动流体脉动的响应

3.3.1 流场结构和脉动

在对冲扩散火焰中,同轴DBD装置即燃烧器的下喷嘴,中心主流使用的是甲烷和氩气的混合气,体积比为0.17∶0.83(CH_4/Ar,1.0 slm/4.7 slm);对冲火焰上喷嘴采用的是氩气稀释的氧气,体积比为0.45∶0.55(O_2/Ar,2.5 slm/3.2 slm);这个配比保持了上、下气流的动量相等。上、下同轴喷嘴中的协流均采用氮气作为保护气。在同轴DBD中,甲烷的加入提高了击穿电压,这一部分研究主要采用工作频率为6.5 kHz,幅值电压为8 kV(峰峰值16 kV)的交流电产生同轴射流等离子体。

图3.10展示了同轴DBD在CH_4/Ar中的电压、电流波形及等离子体形貌。为了进行后续的PIV测量,本节重新比较了加入颗粒前后的放电变化,结果仍然支持颗粒对放电影响比较小的观点。反而是甲烷的加入对放电产生了比较大的影响,工作电压幅值上升到了8 kV。喷嘴出口处温升

30～35 K,温度达到了 325 K 左右。

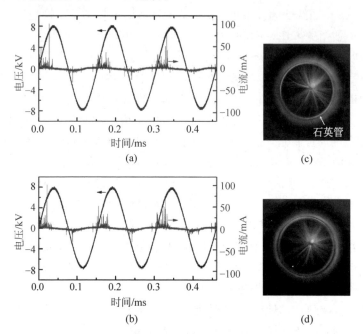

图 3.10 CH₄/Ar 同轴 DBD 的电压、电流波形及等离子体形貌

(a) 无颗粒；(b) 有颗粒；(c) 无颗粒；(d) 有颗粒

Nikon 相机拍摄的彩色图片（曝光时间 1/8 s,ISO 250）显示,CH₄/Ar 等离子体的发射光呈现蓝色,而非纯氩气中的紫色。围绕中心电极分布的丝状放电通道呈现空间不均匀性,在电极的不同位置处均有分布。图 2.12 显示,等离子体射流可以输运至火焰面附近,然而在火焰处于远离着火或熄火边界的稳定燃烧状态时,DBD 射流产生的化学效应对火焰的影响是比较微弱的,该结论在第 4 章和第 5 章讨论等离子体化学效应时会进一步论述。图 2.12 的布置方案在一定程度上将等离子体放电核心区域与燃烧反应的区域在空间上分离开,有助于解耦等离子体产生的热效应、化学效应、离子风和电场直接作用。特别地,研究发现,在下喷嘴出口处使用陶瓷整流筛可以大幅削弱流场扰动,进而可以通过选择性使用整流筛来比较等离子体造成的流场扰动对火焰的影响。

图 3.11 展示的是中心线上距喷嘴出口约 2 mm 处流速随时间变化的曲线,比较了放电不加整流筛、放电加整流筛和放电关闭情形下的结果。在不放电情形下,平均速度约为 0.35 m/s,湍动度较小,流速基本稳定。而在

放电情形下,如果不加整流筛,平均速度约为 0.49 m/s,均方根(rms)速度约为 0.25 m/s,湍动度达到了近 50%。如果采用整流筛,湍动度将降至 10%,也就是说整流筛可以消除近 80% 的脉动量。

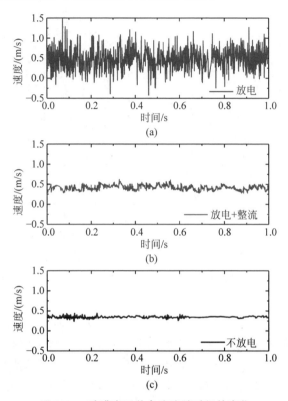

图 3.11　喷嘴出口单点流速随时间的变化

一方面,本书测量了喷嘴出口处速度的空间分布,结果如图 3.12 所示。测量平面选在了距喷嘴出口 2 mm 的平面,测量点从出口一侧移动到另一侧($r=-8$ mm 到 $r=8$ mm)。无论是放电情形还是不放电情形,由于边界层的黏滞性,速度都呈现出一定的不均匀性,在中心处平均流速较高,而在两侧有所降低。不放电情形下,9 个点的平均流速为 0.31 m/s,这与通过体积流量(5.7 slm,即 9.5×10^{-5} m³/s)和喷嘴出口尺寸(20 mm)计算出的结果(约 0.3 m/s)相一致。放电情形下,中间位置处的平均流速达到了 0.49 m/s,用速度-时间曲线积分算出的整体流量比不放电时高出了 15%~20%。体积流量的增加主要是由温升引起的,尽管 DBD 是一种冷态等离子体,测量结果仍显示出口温升为 30~35 K。另一方面,放电过程中造成的甲烷解离也有可能加大体积流量。等离子体放电之后，各测量点的脉动速度均大幅增加，脉动幅值约为 0.3 m/s。

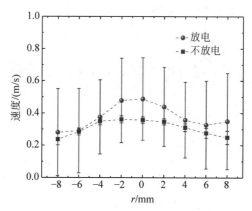

图 3.12　喷嘴出口处不同点的平均速度（离散点）和湍动速度（误差棒）

将等离子体射流引入对冲火焰可以引起明显的燃烧不稳定性。图 3.13 展示了放电情形和不放电情形下的火焰形貌及 PIV 流场测量结果。火焰图片采用 Nikon 相机拍摄，图 3.13(a)和(c)的曝光时间分别是 1/13 s 和 1/6 s。在不放电情形下，火焰面基本保持水平，对应的流场也比较对称，喷嘴出口处的流速为 0.3~0.35 m/s，与 LDV 的结果一致。而放电条件下的火焰是褶皱和不稳定的，呈现出湍流燃烧的形貌，瞬态的流场结构也不均匀。使用高速相机发现，此时火焰虽然处于不稳定状态，但是仍然保持了比较连续的结构，等离子体造成的流场旋涡可以改变局部的曲率和混合物分数，进而改变释热率，但是还没有达到撕裂反应区的程度。

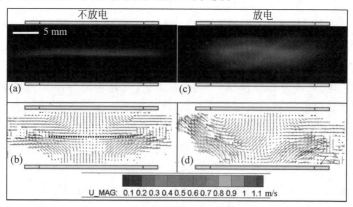

图 3.13　火焰图像和 PIV 流场测量（见文前彩图）

图 3.14 展示了 PMT 加滤光片采集的 CH* 化学荧光信号,根据 2.4.3 节的讨论,CH* 荧光信号变化在这里可以表征火焰释热率的脉动。本书采集的是火焰整体的积分信号,没有空间分辨率,而时间分辨率可以达到 10^5 Hz。在没有等离子体作用时,释热率是比较平稳的,而等离子体流场扰动会造成释热率的剧烈波动。

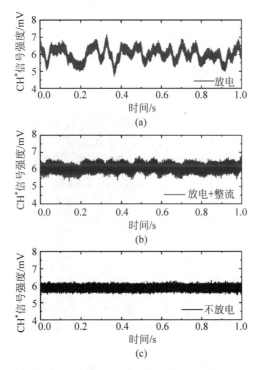

图 3.14 CH* 化学荧光信号

首先比较有无整流筛的测量结果,结果显示,整流筛加入后,CH* 荧光的扰动确实变得很微弱。注意到在图 3.14(b) 的条件下,等离子体造成的热效应(30~35 K 温升)、产生的活性物质(Ar*、H_2 和自由基等)及电场本身的作用依然存在,因此图 3.14(a) 和(b) 的主要区别在于流场的脉动,这就说明了火焰释热率的变化主要是由流体动力学效应导致的。尽管整流筛可能造成自由基淬灭及不能完全消除流场扰动,但是后续能谱密度的结果表明,不确定度在 20% 以下。

研究表明(Ren et al.,2017,2018;Park et al.,2016,2018),静电场即使没有击穿形成等离子体,也可以造成火焰的扰动和形变。因此,为了进一步排除静电场本身的作用,本书计算了图 2.12 中电极布置方案下的静电场空间分布。参照实际电极布置给定边界条件,求解二维的拉普拉斯方程:

$$\nabla^2 \varphi = 0 \tag{3-6}$$

计算中将高压极电势设置为 1 V,外喷嘴电势为 0,石英管的介电系数为 3.8,气体的介电系数为 1。方程在 Matlab 中离散求解,迭代残差为 10^{-8} V,计算结果如图 3.15 所示。在火焰中心位置($r=0, z=0$),电势为 7.4×10^{-3} V,对应的电场强度为 3.1×10^{-4} V/mm,指向是垂直方向,该点由于具有对称性,电场水平分量为 0。在不击穿的情形下,当电场强度达到 8 kV 时,中心处的电势约为 60 V,电场强度约为 2.5×10^{-3} kV/cm,研究表明,拥有这个幅值的高频交流电场对火焰的影响是可以忽略的。

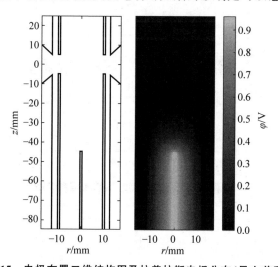

图 3.15　电极布置二维结构图及拉普拉斯电场分布(见文前彩图)

3.3.2　释热率脉动及火焰传递函数

根据前面的分析,火焰的脉动主要由流场扰动造成,在层流燃烧体系中,可以使用火焰传递函数(flame transfer function, FTF)刻画火焰释热率脉动对流场脉动的响应:

$$F = \frac{Q'/Q_0}{u'/u_0} \tag{3-7}$$

根据图 3.11 和图 3.14 可以计算得到 60 s^{-1} 拉伸率情形下的平均 FTF 强度值为 0.136;进一步地,变化不同拉伸率测量得到了 30 s^{-1} 和 90 s^{-1} 下,

FTF 的平均强度分别为 0.085 和 0.167，结果显示，随着拉伸率加大，FTF 强度变大。然而，此前流场和 CH* 信号显示扰动是宽频的，而 FTF 在不同频率下的表现有所不同，为此本书采用了能谱分析的方法解耦不同频率的 FTF 函数。

对流速进行能谱分析是湍流研究中的常用手段。为了得到湍动能，可以先定义速度在时间序列的自相关函数：

$$R(\tau) = \langle u(t)u(t+\tau) \rangle \tag{3-8}$$

其中，τ 表征时间延迟；角括号"$\langle \rangle$"表征时间平均函数。给出 $R(\tau)$ 的傅里叶变换形式：

$$E_u(\omega) = \int_{-\infty}^{\infty} R(\tau) e^{-j\omega\tau} d\tau \tag{3-9}$$

其中，ω 是角频率；e 是自然对数的底数；j 是虚数单位。该变换逆过来则是

$$R(\tau) = \int_{-\infty}^{\infty} E_u(\omega) e^{j\omega\tau} d\omega \tag{3-10}$$

其中，$E_u(\omega)$ 刻画的是能谱密度。

本书对用 LDV 测量得到的脉动速度进行能谱分析，将时间域的能量在频率域表达。由于在不同点测得的能谱结构具有相似性，本节只以中心点为例进行分析，进而把问题简化为一维的。图 3.16 所示是能谱分析结果，截断频率为 1500 Hz。放电时的能谱密度比不放电时高出 2~3 个数量级，而使用整流筛可以降低能谱密度达 1 个数量级，也就是 90% 的湍动能可以通过整流方式消除。能谱曲线呈现出经典的 $-\frac{5}{3}$ 幂次规律，进一步验证了等离子体诱发的扰动是一个类似湍流的宽频扰动，其能量主要集中在 1~1000 Hz，特别是 100 Hz 以下。

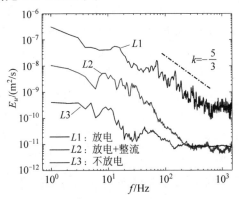

图 3.16 脉动速度的能谱分析（$Re_{bulk} \approx 300$）

除了脉动速度外,本书对火焰释热率也进行了能谱分析。不同于湍流中脉动速度的能谱表征湍动能,释热率的能谱密度没有直接对应的物理量,但是这种分析方法在过去对湍流燃烧的研究中有所使用,例如,Mastorakos等(1992)对扩散火焰的温度序列进行了能谱分析。图3.17是对释热率的能谱分析结果,与图3.16比较相似,脉动情形下的能谱密度较大,比不放电时高出将近3个数量级,使用整流筛能够降低能谱密度将近2个数量级。释热率脉动的能量主要集中在0~100 Hz,略低于脉动速度的结果,这也验证了层流火焰的低通滤波效果对高频扰动的响应比较弱。尽管喷嘴出口的雷诺数只有300,火焰的释热率能谱依然呈现出与高雷诺数湍流火焰(Mastorakos et al.,1992)相似的$-\frac{5}{3}$幂次规律。

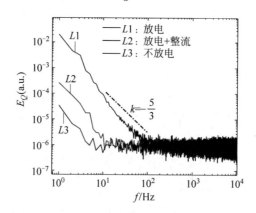

图 3.17　CH^* 化学荧光的能谱分析($\kappa_G = 60\ s^{-1}$)

本节在分别解析了流场和释热率脉动的能谱后,可以进行不同频率的释热率分析。其可行性的基础是层流扩散火焰的线性响应特性,也就是某个给定频率流场带来的火焰扰动也遵循同样的频率,两条谱线同一频率的结果可以一一对应(Sung et al.,2000; Balasubramanian et al.,2008),顺着这个思路可以得到不同频率下的火焰传递函数:

$$|F(f)| = \frac{Q'(f)/Q_0}{u'(f)/u_0} \approx \frac{\sqrt{E_Q - E_{Q,\text{ch}}}(f)/Q_0}{\sqrt{E_u - E_{u,\text{ch}}}(f)/u_0} \quad (3-11)$$

其中,下标ch定义的是在使用整流筛时,等离子体的热效应和化学效应对扰动做出的贡献,这些贡献在FTF表达式中被去除了。为了更好地刻画特征时间,下文将采用频率(f)而不是角频率(ω)来研究火焰传递函数。

图 3.18 展示了在不同流场拉伸条件下，FTF 强度值随频率的变化。拉伸率越大，FTF 强度越高；而在相同拉伸的条件下，FTF 强度随频率增加而减弱，在对数坐标下，斜率接近负一次方，这表明 FTF 强度和频率可能存在倒数关系。由于实验数据十分有限，本书将在此基础上开展更深层的理论分析。

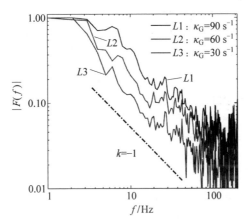

图 3.18　FTF 强度随扰动频率变化

3.3.3　扩散火焰传递函数的理论分析

FTF 强度与扰动频率的负相关关系在过去的理论研究中也有报道，但是对射流扩散火焰的研究多基于 Burke-Schumann 形式（Burke et al.，1928），认为来流没有轴向速度梯度，不考虑流场拉伸。显然，实际火焰大多是存在拉伸的，特别在对冲扩散火焰中，流场拉伸率是一个重要的基本参数。因此本节重点研究存在流场拉伸的扩散火焰 FTF，既能够加强对前面实验现象的解释，也有助于对扩散火焰传递函数的理解。

Magina 等（2013，2019）对火焰传递函数开展了很多基础性的理论研究工作，其研究结果显示，扩散火焰 FTF 主要取决于燃料消耗速率和组分浓度梯度，反应面面积变化造成的影响比较小；而预混火焰 FTF 则与之相反，反应面面积变化起决定作用。因此，对于扩散火焰，特别是对冲扩散火焰这种简洁形式，可以将之简化成一维体系进行分析。

本书基于对冲扩散火焰和流场扰动建立了一个简化的一维模型，主要自变量包括扰动频率（f）、扰动幅度（ε）和流场拉伸率（κ_G）。模型采用了以下假设：①所有组分扩散率相等（$D=10^{-5}$ m^2/s）；②化学反应速率无限快,反应面无限薄;③刘易斯数等于1($Le=1$);④未考虑曲率变化。基于氧化剂侧和燃料侧的流场拉伸可以定义如下(Law,2006):

$$\kappa_{G,F} = \frac{u_F}{L}\left(1 + \frac{u_O\sqrt{\rho_O}}{u_F\sqrt{\rho_F}}\right) \quad \kappa_{G,O} = \frac{u_O}{L}\left(1 + \frac{u_F\sqrt{\rho_F}}{u_O\sqrt{\rho_O}}\right) \tag{3-12}$$

其中,L 表示喷嘴之间的距离,本书经过设计 $CH_4/O_2/Ar$ 的配比使上、下两股气流的平均密度和速度相等,从而得到 $\kappa_G = \kappa_{G,F} = \kappa_{G,O}$。进一步地,定义混合物分数 Z 表征来自燃料流的质量流与总质量流之比:

$$Z = \frac{\dot{m}_F}{\dot{m}_F + \dot{m}_O} \tag{3-13}$$

其中,$\dot{m}_F$ 和 $\dot{m}_O$ 分别是燃料和氧化剂的质量流量,建立一维的 Z 方程描述对冲扩散火焰:

$$\frac{\partial Z}{\partial t} + \boldsymbol{u} \cdot \nabla Z = \nabla \cdot (D \nabla Z) \tag{3-14}$$

其中,$\boldsymbol{u}$ 是来流速度,稳态下可以用拉伸率和 y 坐标计算:$u = -\kappa_G y$,其中采用 y 表示一维的坐标。火焰面的位置定义在化学计量比的位置 $Z(y,t) = Z_{st} = 1/(1+\varphi_O)$。边界条件分别设置为:$Z(-L/2,t)=1$ 和 $Z(-L/2,t)=0$。在非稳态工况下,给定来流速度为

$$u = -\kappa_G y(1 + \varepsilon\sin(2\pi f t)) \quad (y > 0) \tag{3-15}$$

在小扰动的情形下,Z 可以分解为一个稳态量和非稳态量之和:$Z = Z_0 + Z_1$。稳态条件下的 Z 方程可以简化为常微分方程:

$$-\kappa_G y \frac{dZ_0}{dy} = D\frac{d^2 Z_0}{dy^2} \tag{3-16}$$

对这个常微分方程可以求得理论解:

$$Z_0 = -A_1 \int_{-1}^{\tilde{y}} e^{-\frac{1}{2D}\kappa_G \tilde{y}^2} d\tilde{y} + 1 \tag{3-17}$$

其中,$A_1 = 1/\int_{-1}^{1} e^{-\frac{1}{2D}\kappa_G \tilde{y}^2} d\tilde{y}$,$\tilde{y}$ 表示无量纲坐标。此外,非稳态条件下的 Z 方程表述如下:

$$\frac{\partial Z_1}{\partial t} - \kappa_G y(1+\varepsilon\sin(2\pi f t))\frac{\partial Z_1}{\partial y} - D\frac{\partial^2 Z_1}{\partial y^2} = \kappa_G y\varepsilon\sin(2\pi f t)\frac{\partial Z_0}{\partial y} \tag{3-18}$$

方程式(3-18)可以采用 Crank-Nicolson 格式(Crank et al.,1947)进行数值离散求解,其中 $\varepsilon = 0$ 对应稳态的情形。图 3.19 对比了方程(3-18)的理论结果和方程(3-16)在 $\varepsilon = 0$ 时的数值结果,在不同拉伸率条件下,两组

曲线分别吻合良好,验证了模型的准确性。

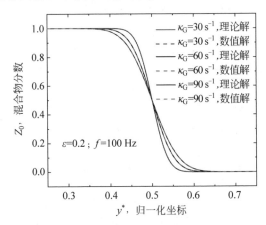

图 3.19　稳态 Z 方程的理论解和数值解(见文前彩图)

此外,扩散火焰的释热率表达式为(Magina et al.,2013)

$$\dot{Q}(t) = \dot{m}'_F h_R = \frac{-(1+\varphi_O)^2}{\varphi_O} \rho h_R D \frac{\partial Z(y_{st},t)}{\partial y} \quad (3-19)$$

其中,$\dot{m}'_F$ 是燃料的质量消耗速率;h_R 是单位质量的反应焓。在此基础上可以给出火焰传递函数:

$$F(f,\varepsilon,\kappa_G,t) = \frac{Q_1/Q_0}{u_1/u_0} = \frac{\partial Z_1(y_{st},t)}{\partial y} \bigg/ \left[\varepsilon \frac{\partial Z_0(y_{st})}{\partial y}\right] \quad (3-20)$$

以上推导表明,火焰释热率取决于组分浓度梯度,也就是说,流场扰动对扩散火焰释热率的影响主要是通过改变输运和混合过程,进而改变组分浓度梯度来实现的。

在对方程完成数值求解的基础上,结合 FTF 的表达式,图 3.20 给出了 FTF 与扰动幅度(ε)、扰动频率(f)和流场拉伸率(κ_G)之间的约束关系。以 $f=100$ Hz 为例,图 3.20(a)显示,当 ε 为横坐标时,FTF 强度和相位在 $\varepsilon<1$ 时呈现为一条水平线,也就是与 ε 无关;而当 $\varepsilon>1$ 时,开始产生非线性效应。图 3.20(b)显示,FTF 与 κ_G 保持线性关系,特别是 FTF 强度与拉伸率正相关,这个规律与前面的实验观察一致。考虑到喷嘴间距有限和火焰厚度(约为 1 mm),本书的最大拉伸率控制在 150 s^{-1}。图 3.20(c)揭示的是 FTF 与频率(f)的关系,当 $f>100$ Hz 时,在对数坐标下存在负的线性关系:$\ln|F| \sim O(1/\ln f)$,且在大拉伸条件下,拉伸率较大的 F 幅值偏大,这些结果与图 3.18 中的实验结果相吻合。

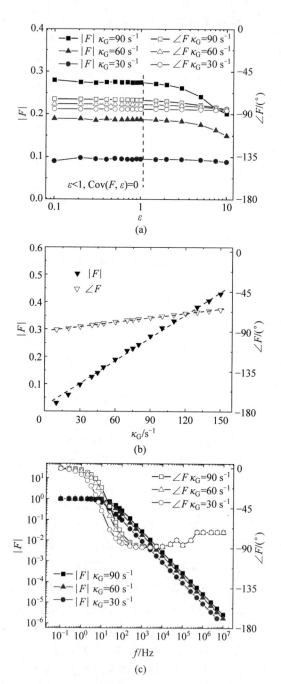

图 3.20 FTF 强度和相位与扰动幅度(ε)、扰动频率(f)和流场拉伸(κ_G)的关系

考虑到扰动频率(f)和流场拉伸(κ_G)都是时间倒数(s^{-1})的量纲,本书用流场拉伸来定义无量纲的扰动频率:$St = f/\kappa_G$,即斯特哈尔数(St)。图 3.21 展示了 FTF 对 St 的依赖关系,同时与 Magina 等(2013)的研究结果进行对比。Magina 等(2013)的研究基于 Burke-Schumann 形式,不考虑流场拉伸,但是用流速和射流出口直径定义了一个时间量纲将扰动频率无量纲化为 St。

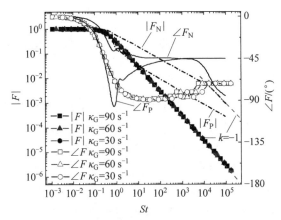

图 3.21　FTF 与无量纲扰动频率 St 的依赖关系

图中连续线是 Magina 等(2013)基于 Burke-Schumann 解推导的结果,
其中 N 和 P 分别表征非预混火焰和预混火焰

图 3.21 中,一方面,不同拉伸率下的强度和相位曲线分别重合,St 成为唯一变量。随着 St 增大,相位曲线从 0°变化到 $-90°$,在 $-90°$ 左右保持了一段区间($5 < St < 1000$),但是随后转变到 $-72°$,这个现象还有待进一步地探索;另一方面,强度曲线在 $St > 1$ 时变为直线,在对数坐标中斜率为 -1,得到了如下简洁的依赖关系:

$$|F| = c/St \quad (St > 1) \tag{3-21}$$

其中,c 是一个常数。式(3-21)中的 $1/St$ 律在 Magina 等(2013)的研究中也有所发现。

图 3.21 和方程(3-21)都揭示了火焰的低通滤波特性,即在高频扰动下,火焰趋向稳态,这个结论也可以通过对方程(3-14)和方程(3-18)进行无量纲化分析而得到,无量纲过程按以下方式进行:$t = \dfrac{1}{\kappa_G} t^*$,$y = Ly^*$,$D = L^2 \kappa_G D^*$,其中星号($*$)标记无量纲形式。得到的无量纲 Z 方程如下:

$$\frac{\partial Z}{\partial t^*} + \left(1 + \varepsilon \sin\left(\frac{2\pi}{St} t^*\right)\right) \frac{\partial Z}{\partial y^*} = D^* \frac{\partial^2 Z}{\partial y^{*2}} \tag{3-22}$$

当 St 足够大时,$\frac{2\pi}{St}t^*$ 这一项是个小量,此时 $\sin\left(\frac{2\pi}{St}t^*\right) \approx \frac{2\pi}{St}t^*$,扰动项变为 $\frac{2\pi\varepsilon}{St}t^*$,所以当 $\frac{St}{\varepsilon} \gg 1$ 时,扰动项基本可以忽略,这样,非稳态的方程(3-22)变为稳态方程(3-16)。

3.4 对冲预混火焰对电动流体脉动的响应

3.4.1 流场结构和火焰面运动

本节研究预混火焰对 3.2 节中流场扰动的行为响应和变化。采用图 2.12 中的放电装置和燃烧器结构,下喷嘴使用纯氩气射流和 DBD 放电,上喷嘴使用 CH_4-O_2-Ar 预混气体(体积混合比为 0.085/0.200/0.715),出口流速均为 0.7 m/s 左右,用喷嘴出口直径(20 mm)计算出的雷诺数约为 1000,低于层流向湍流的转捩值 2300。下喷嘴的同轴 DBD 等离子体射流在 3.1 节已经进行了研究,图 3.22 给出了平均流速约为 0.7 m/s 时,喷嘴出口处用 LDV 测量得到的三维流场分布。在不放电时,竖直方向的出口速度分量(u_1)

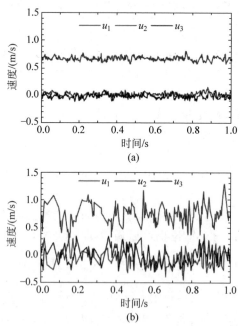

图 3.22 放电情形和不放电情形喷嘴出口三维流速测量结果(见文前彩图)
(a) 放电情形;(b) 不放电情形

的平均值约为 0.65 m/s，湍动度约为 5%，其他两个方向的速度分量 u_2 和 u_3 均接近 0。而当放电开启后，u_1 的平均值约为 0.7 m/s，脉动强度约为 25%。平均速度的增加主要是由于放电带来的温升(10~30 K)效应。相比于在同样的雷诺数($Re=1000$)下用孔板产生的湍流，25% 的湍动度是比较可观的。将流场扰动作为宽频扰动源作用于预混火焰，将引起燃烧不稳定性现象。

图 3.23 展示了典型的稳态和非稳态火焰形貌，均采用高速相机以 500 fps 的帧率拍摄，视野选取为两个喷嘴间直径约 30 mm 的圆柱形区域，能够覆盖火焰面的变化范围以减小边界对测量结果的影响。最上方是一张稳态火焰的图片，火焰面接近水平，下面两列是两个典型的非稳态火焰随时间变化的序列图。其中，t_1 序列展示了火焰局部弯折及火焰沿着火焰面从内向外传播；t_2 序列主要表征火焰面位置的振荡，振幅为 2~3 mm。

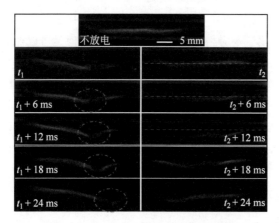

图 3.23　两个典型的非稳态火焰形貌

图 3.24 是在稳态（不放电）和非稳态（放电）情形下 PIV 的测量结果（见图 3.24(a)和图 3.24(b)），以及颗粒和火焰的散射光与发射光（见图 3.24(c)和图 3.24(d)），进而可以表征流场与火焰的相互作用。在没有等离子体扰动的情形下，火焰基本呈现对称的层流结构。沿着中心线，上半部分流速先减小后增大，出现的最低速度大约为 0.42 m/s，根据 Law(2006) 的专著，这个数值可视作有拉伸条件下的参考火焰传播速度。等离子体开启后，流场和火焰面均发生变形和扭曲，火焰面的面积和曲率都发生变化。

为了定量表征火焰的波动，图 3.25 给出了 CH^* 信号随时间的变化，以此来表征火焰整体释热率的脉动，研究工况包括等离子体单独存在、火焰单独存在，以及火焰与等离子体同时存在的情形。图 3.25(a)首先刻画了等

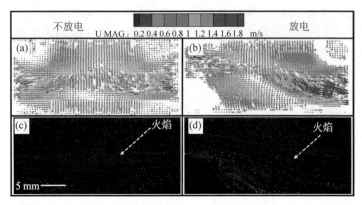

图 3.24 稳态(不放电)和非稳态(放电)预混火焰的 PIV 测量(见文前彩图)

离子体单独存在时的信号,根据图 2.12,等离子体射流可以输运到电极外围区域,尽管其化学效应相比火焰自身反应很弱,但是可以成为 CH^* 信号的背景杂光。与图 3.25(b)中火焰单独存在时的信号相比较,图 3.25(a)的信号要低一个数量级,图 3.25(b)中未受到扰动的火焰信号较稳定。图 3.25(c)反映的是等离子体启动后的 CH^* 信号,表征火焰释热率的脉动,其脉动强度约为 10%。注意到,此时火焰处于开放空间,几乎不存在壁面反馈,而在真实燃烧设备中,这个脉动可能会经过燃烧室壁面的声学作用而被迅速放大。

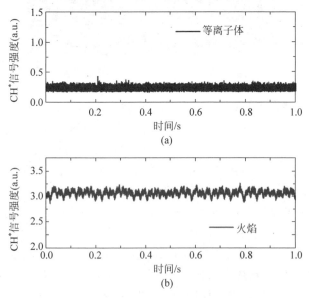

图 3.25 不同工况下预混火焰 CH^* 信号

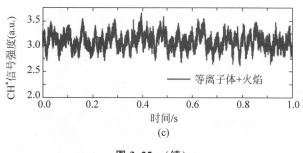

图 3.25 （续）

预混火焰的释热率可以沿着火焰面的积分得到：

$$Q(t) = \int \rho S_L \Delta h_R \mathrm{d}A_f \tag{3-23}$$

其中，S_L 是层流火焰速度；A_f 是火焰面表面积。根据 Lieuwen 等(2005)的研究结果，释热率的脉动可以归结为以下三项贡献：

$$\frac{Q'}{\overline{Q}} = \frac{\int \Delta h'_R \mathrm{d}\overline{A}_f}{\int \Delta \overline{h}_R \mathrm{d}\overline{A}_f} + \frac{\int S'_L \mathrm{d}\overline{A}_f}{\int \overline{S}_L \mathrm{d}\overline{A}_f} + \frac{A'_f}{\overline{A}_f} \tag{3-24}$$

其中，$\overline{Q}$、$\Delta \overline{h}_R$、$\overline{S}_L$ 和 $\overline{A}_f$ 分别表征平均量；而 Q'、$\Delta h'_R$、S'_L 和 A'_f 分别表征脉动量。火焰释热率的脉动一般来自当量比脉动和流速脉动。由于反应热和层流火焰速度都是当量比的函数，因此式(3-24)中的前两项主要来自当量比脉动。而在本书中，等离子体的流场扰动从预混火焰的焰后侧加载，造成的当量比扰动比较小，因此本书中释热率的扰动主要来自流速带来的反应面积变化，而不是当量比脉动。

3.4.2 非稳态预混火焰的 LES 模拟研究

预混火焰需要考虑整个火焰面的变化，不能像扩散火焰一样通过建立简单的一维模型来表述，为此本书使用 OpenFOAM 2.4.0 开源平台对火焰进行数值研究。考虑到对大气压非均匀等离子体的模拟十分困难，本书并未对放电过程进行建模，而是关注等离子体造成的流场扰动对火焰的流体动力学效应，因此选择了如图 3.26 所示在两个喷嘴中间的计算域，求解流场、温度场和组分场等。本节的燃烧机理采用 Kazakov 和 Frenklach 开发的 DRM19 简化机理，包含 19 个组分和 84 步反应。

在模拟湍流之前，本书先用 OpenFOAM 自带的求解器计算了一个层

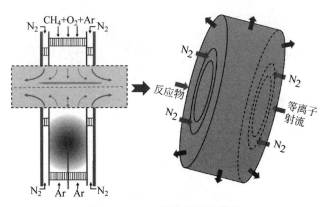

图 3.26 LES 数值模拟计算域

流燃烧的算例,图 3.27 展示了对冲火焰中心线上的速度分布结果,图中的离散点代表的是图 3.24 中 PIV 测量的结果。其中横轴表征归一化的尺寸,$z^*=0$ 和 $z^*=1$ 分别表示 DBD 喷嘴和预混气喷嘴的边界。从出口($z^*=1$)开始,随着预混气流逐渐靠近预热区,绝对速度在初始阶段出现近似线性的下降;当进入火焰的预热区之后($z^*<0.77$),由于热膨胀,流场速度逐渐增加;而在火焰面($z^*=0.5\sim0.65$)之后,气流逐渐接近滞止面时,流速再次下降。对于滞止预混火焰,在出口边界和火焰面之间的最小流速可以定义为参考火焰速度(Law,2006),而由于存在流场拉伸,因此这不是严格意义上的火焰传播速度。图 3.27 显示速度最低点出现在 $z^*\approx0.77$ 处,对应的参考速度实验值约为 0.42 m/s,计算值约为 0.39 m/s,数值上较为一致,即实验和数值模型得到了互相验证。

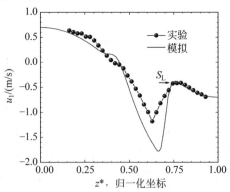

图 3.27 中心线流速分布

在验证完层流算例后,本节的主要工作是模拟非稳态的算例,等离子体造成的流场扰动通过入口边界加载。本书采用 Kornev 和 Hassel(2007)开发的人造湍流生成器,如表 3.1 所示,输入参数包括积分尺度、平均流速和雷诺应力的数值,均根据 3.3.1 节中的实验工况给出。根据文献及求解器中设置的算法,可以随着计算的时间步在入口边界处生成具有一定时间和空间相关性的湍动速度时间序列。

表 3.1 湍流生成器的输入参数

积分长度	平均流速/(m/s)			雷诺应力/(m²/s²)					
0.2 m	$\bar{u}_1$	$\bar{u}_2$	$\bar{u}_3$	$u_1'u_1'$	$u_1'u_2'$	$u_1'u_3'$	$u_2'u_2'$	$u_2'u_3'$	$u_3'u_3'$
	0.7	0	0	0.0249	0.0025	−0.0023	0.0212	0	0.0210

目前求解器只能生成 u_1 分量的脉动,u_2 和 u_3 分量的脉动约等于 0。图 3.28 展示的是边界处中心点 $(r=0, z=-d/2)$ 处,u_1 速度分量随时间的变化值,在计算过程中,通过在该位置布置一个探针,记录每个时间步该点的速度值生成列表。其平均速度约为 0.67 m/s,脉动强度为 25%,流速最大值约为 1.1 m/s,最小值约为 0.2 m/s,与图 3.22 中的实验值较为接近。图 3.28(b) 显示,惯性子区的脉动速度能谱呈现 $-\frac{5}{3}$ 的斜率,说明生成的流速

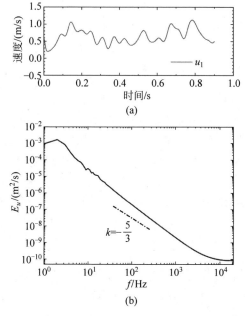

图 3.28 湍流生成器产生的流场速度和能谱结构

具备湍流的特征,而不是随机的噪声,基本达到了使用湍流生成器的目的。

非稳态算例的流场采用大涡数值模拟(LES)进行求解,采用空间滤波函数对连续性方程、动量方程、能量方程和组分方程进行处理:

$$\frac{\partial \bar{\rho}}{\partial t} + \frac{\partial}{\partial x_i}(\bar{\rho}\tilde{u}_i) = 0 \tag{3-25}$$

$$\frac{\partial}{\partial t}(\bar{\rho}\tilde{u}_i) + \frac{\partial}{\partial x_j}(\bar{\rho}\tilde{u}_i\tilde{u}_j) = \frac{\partial}{\partial x_j}(\overline{\tau_{ij}} + \tau_{\text{SGS},ij}) - \frac{\partial \bar{p}}{\partial x_i} \tag{3-26}$$

$$\frac{\partial}{\partial t}(\bar{\rho}\tilde{h}) + \frac{\partial}{\partial x_i}(\bar{\rho}\tilde{u}_i\tilde{h}) = \frac{\partial}{\partial x_i}\left(\overline{\lambda\frac{\partial h}{\partial x_i}} + \bar{\rho}\tilde{u}_i\tilde{h} - \overline{\bar{\rho}u_i h}\right) + \overline{\frac{Dp}{Dt}} + \sum_{k=1}^{n}\overline{\dot{\omega}_k}\Delta h_k \tag{3-27}$$

$$\frac{\partial}{\partial t}(\bar{\rho}\widetilde{Y_k}) + \frac{\partial}{\partial x_i}(\bar{\rho}\tilde{u}_i\widetilde{Y_k}) = \frac{\partial}{\partial x_i}\left(\overline{\rho D_k\frac{\partial Y_k}{\partial x_i}} + \bar{\rho}\tilde{u}_i\widetilde{Y_k} - \overline{\bar{\rho}u_i Y_k}\right) + \overline{\dot{\omega}_k} \tag{3-28}$$

其中,所有被滤波处理的参量加上了波浪线上标;τ 表示应力;λ 是导热系数;Y_k、Δh_k、$\dot{\omega}_k$ 和 D_k 分别表示第 k 个组分的质量分数、生成焓、反应速率和扩散系数。

在 LES 模型中,亚格子应力(τ_{SGS})通过一方程涡耗散(oneEqEddy)模型(Horiuti,1985)进行求解。其中,焓和组分通常采用浓度梯度假设进行模拟:

$$\bar{\rho}\tilde{u}_i\tilde{h} - \overline{\bar{\rho}u_i h} = \frac{v_{\text{SGS}}}{Pr_t}\frac{\partial \tilde{h}}{\partial x_i} \tag{3-29}$$

$$\bar{\rho}\tilde{u}_i\widetilde{Y_k} - \overline{\bar{\rho}u_i Y_k} = \frac{v_{\text{SGS}}}{Sc_t}\frac{\partial \widetilde{Y_k}}{\partial x_i} \tag{3-30}$$

其中,v_{SGS} 是一方程模型中的亚格子黏性系数;Pr_t 是湍流普朗特数(Prandtl number);Sc_t 是湍流施密特数(Schmidt number)。

滤波后的控制方程组使用有限体积法(finite volume method,FVM)进行求解,采用 PIMPLE 格式进行离散。PIMPLE 格式是结合了求解压力的隐式算子分裂算法(PISO)和半隐式压力校正算法(SIMPLE)。计算中采用自适应时间步长,将库朗数(Courant number)控制在 0.25 以下。

OpenFOAM 定义了物理场,用于记录每个网格单元化学反应热释放量速率,模拟过程中添加探针计算每个时间步长的全反应区的释热率积分值,得到 t 时刻总的释热率 $Q(t)$,单位是 kg·m^2/s^3:

$$Q(t) = \int \dot{m}_F \Delta h_R \mathrm{d}v \tag{3-31}$$

其中，$\dot{m}_F$ 为网格单元该时间步的反应物消耗量；Δh_R 为单位反应物产生的热量；dv 为网格单元体积。图 3.29 展示了释热率随时间变化的计算结果，脉动强度约为 5%，低于实验结果（10%），这是由于该计算只解析了 u_1 速度分量，而实验中的扰动是三维的。在 0~0.2 s，速度和释热率脉动均比较大，图 3.29(b) 展示了该区间的放大图。

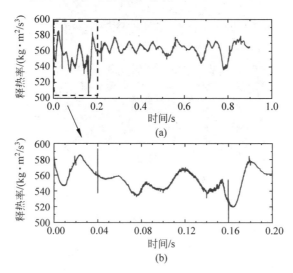

图 3.29 释热率随时间变化的计算结果

图 3.30 展示了二维剖面的瞬态温度场云图，最上方的子图是稳态（不放电）的层流温度场分布。从图 3.30 中可以观察到火焰结构的变化，包括火焰锋面的扭曲和火焰边缘的振荡，与图 3.24 观察到的实验结果比较一致。图 3.30 中 0.02~0.08 s 时的子图显示反应区受到流场扰动的作用，在 0.08 s 出现了局部的火焰熄灭现象，图 3.29 显示此时火焰释热率从 588 kg·m²/s³ 降到 537 kg·m²/s³。

图 3.31 表征了速度矢量的变化，在稳态（不放电）下流场分布对称，非稳态下（放电）入口速度的脉动导致了流场扭曲。特别是在 $t=0.06$ s 时，流场变形严重，对火焰的干扰较大，与图 3.30 中火焰的局部熄灭对应。当 $t=0.08$ s 时，火焰面和流场出现一定程度的倾斜，与图 3.24 中的 PIV 结果比较相似。结合试验和模拟结果，我们可以得出等离子体射流对平面预混火焰释热率的影响，主要是通过流场扰动导致火焰面面积和几何形状发生变化。

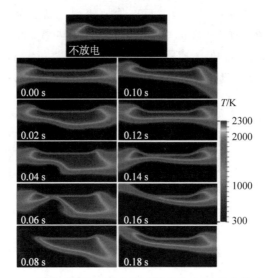

图 3.30 瞬态二维温度分布云图的数值结果(见文前彩图)

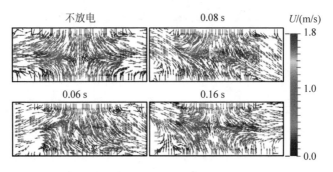

图 3.31 瞬态速度分布矢量图的数值结果(见文前彩图)

3.5 本章小结

本章重点研究了纳秒脉冲和交流电驱动的 DBD 电离波中的电场分布,交流 DBD 射流中的流场扰动和来源,以及这种射流扰动分别对扩散和预混火焰的影响及传递关系,主要结论归纳如下。

(1) 建立 E-FISH 系统,在线测量了表面介质阻挡放电中的电场时间和空间分布,测量结果与 ICCD 拍摄的电离波传播,特别是与二次电离现象相吻合。连续纳秒脉冲放电时,测量的瞬态电场强度接近 30 kV/cm 的理论击穿电压,并在脉冲前测量到了残余电荷形成的预电场。

(2) 采用粒子示踪技术获得了同轴 DBD 射流中的流场分布和脉动速度,二者呈现明显的湍流规律,特别是脉动速度能谱符合 $-\frac{5}{3}$ 幂次的经典规律;推导了含电场体积力的无量纲 N-S 方程,结合电学参数的测量值估计了体积力与惯性力比值,构建了不同雷诺数条件下雷诺应力变化相图。结论显示,等离子体在层流区域中的作用比较明显,在应用中更适合布置在滞止区或者边界层调控流场,继而通过湍流和燃烧等进行非线性放大。

(3) 将同轴 DBD 产生的等离子体射流作为扰动源,开展了等离子体对平面扩散火焰和预混火焰的作用机理研究。研究发现,火焰呈现湍流特征,通过测量 CH^* 化学荧光得到释热率的变化规律,进一步计算了火焰传递函数。

(4) 基于一维扩散火焰体系,推导了稳态和非稳态的 Z 方程,并获得了火焰传递函数的理论表达式。数值求解了非稳态 Z 方程,揭示了火焰传递函数随扰动幅值、拉伸率和频率的变化规律。在此基础上,用拉伸率将频率无量纲化,发现火焰传递函数主要取决于无量纲扰动频率(St);在 $St>1$ 时,火焰传递函数的幅值与 St 是负一次方关系,表现了火焰的低通滤波特性。

(5) 采用湍流发生器模拟等离子体射流产生的扰动,并用 LES 方法计算了扰动状态下预混火焰的行为,得到了与实验观察规律一致的流场湍动及火焰面褶皱、弯曲、振荡等现象。

第 4 章　等离子体助燃体系中的电场-火焰动力学研究

4.1　本章引言

第 4 章主要探讨等离子体/电场调控燃烧体系中电场与火焰的直接作用,外加的直流和交流电场均低于击穿阈值。与第 3 章中气动效应通过流场扰动传递不同,由于火焰具有弱电离属性,因此直流或交流电场和火焰之间可以发生直接作用,同时伴随着流体动力学现象。本章将首先介绍直流和交流电场对平面扩散火焰和预混火焰的调控,然后介绍直流电场在纳秒脉冲等离子体放电中扮演的角色。

4.2　静电场-平面火焰动力学研究

4.2.1　平面扩散火焰在静电场中的动力学行为

为了方便布置电极和进行激光诊断,本章将采用一个缩小尺寸的对冲火焰装置,电极布置在喷嘴出口位置,而非喷嘴内部。如图 4.1 所示,火焰结构与前两章使用的相似,均是两个同轴射流喷嘴相对布置形成滞止面和近似平面的火焰。缩小的内外喷嘴的直径分别为 $d_1=10$ mm 和 $d_2=16$ mm,喷嘴间距 $L_0=15$ mm。上喷嘴设计了水冷系统,但不具备加热功能,上、下喷嘴内均布置了金属蜂窝整流筛。整个实验系统放置在移动架上,可以在光学平台上三维移动。

上、下喷嘴出口的流速均为 $U_0=0.265$ m/s,平均密度和动量相等,全局流场拉伸率为 $\kappa\approx35$ s^{-1}。为了克服重力对火焰的扭曲作用,上、下喷嘴的协流速度分别设置为 0.3 m/s 和 0.1 m/s。上喷嘴通入氧化气,下喷嘴通入燃料气,本章分别设计了氮气和氩气稀释的两组实验。采用不同稀释气体时,氧气和甲烷的物质的量比均保持不变,分别是 $\chi_{O_2}=0.424$ 和 $\chi_{CH_4}=$

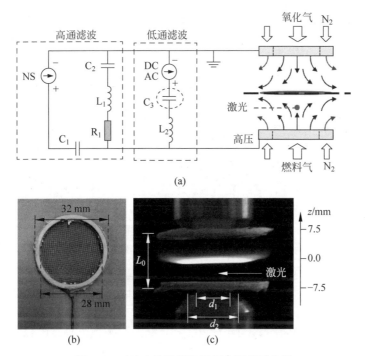

图 4.1　对冲火焰装置及平行金属丝网电极

0.136。其中氩气的配比能够保证上、下喷嘴的动量守恒,不同稀释气体下的火焰位置和形态基本相似。

电极采用的是直径约为 30 mm 的圆形钼合金丝网,固定在双层陶瓷圆环上,由紫铜棒(直径约为 1 mm)引出,钨丝网、陶瓷环和紫铜棒采用陶瓷胶黏结。钨丝网由线径 50 μm 的钨丝制成,网孔尺寸约为 0.8 mm×0.8 mm。陶瓷圆环内、外径分别是 28 mm 和 32 mm,厚度约为 0.5 mm。使用时,电极分别固定在对冲火焰上、下喷嘴的出口处,丝网电极的间距约为 13.5 mm。图 4.1(c)显示加上电极后,火焰依然保持平面形状,且火焰尺寸与电极尺寸接近。

实验中,高电压均加载在下电极,上电极接地,部分实验采用耦合电源作为高压源,即一个直流或交流电源与纳秒脉冲电源进行并联,纳秒脉冲电势叠加在直流或交流电势上用于标定或者进行放电研究,后文将详细介绍。为了实现电势耦合及保护电源,引入电感、电容和电阻等元件,本章设计了 LRC 高通滤波和 LC 低通滤波电路,分别用于保护纳秒脉冲电源和直流/交流电源。其中 C_3 是在使用交流电源时,Trek 20/20 放大器中内置的电容,可以保证 3 kHz 以下的交流电独立使用。在使用直流电时没有 C_3,电感 L_2 可以单独作用,实践证明,这套系统可以保障电源的安全使用及得到需要的叠加波形。

在实验之前,本章通过数值计算对实验装置的设计进行了验证,首先在 OpenFOAM 平台中计算了没有电场或等离子体干扰的火焰结构,采用了平台自带的 reactingFOAM 求解器和 GRI-Mech 1.2 甲烷氧化机理 (Frenklach et al.,1995)来求解层流对冲扩散火焰,边界条件的设置参考真实实验工况。另外,本章在 MATLAB 中以平行板电极为边界条件,设置高压极为 1 V,上电极接地,求解了拉普拉斯方程(式(3-6))获得电场分布。

对火焰结构和电场分布的求解是独立进行的,此时电场和火焰不存在耦合关系。图 4.2 分别展示了获得的温度场和电场分布云图,火焰面大致呈现平面结构,除在边缘处由于浮力的影响有所翘曲外,模拟结果与图 4.1 和图 4.3 的内嵌实验图片所显示的一致。后续开展的 E-FISH 测电场技术对温度高度敏感,获得的是沿程积分结果,因此温度场呈现平面分层的结构具有积极意义。此外,电场分布在电极中间的主要区域($-5<z<5$, $-15<r<15$)是均匀的,数值约为 0.74 V/cm,与采用电势差除以极板间距 (1 V/1.35 cm)的结果是一致的。而当 $r<-15$ 或者 $r>15$ 时,电场强度在 5 mm 的范围内降到 0,考虑到 E-FISH 的信号与电场强度平方呈正比,可以认为在现有装置中,E-FISH 的信号主要来自核心区域($-5<z<5$, $-15<r<15$)。结合电场和火焰结构,本书中开展电场对扩散火焰面位置的调控和电场测量是合适的,系统简化为 z 方向的一维体系,不考虑 r 方向的梯度。

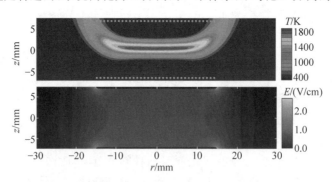

图 4.2　火焰温度和静电场分布云图的数值结果(见文前彩图)

在初步研究直流/交流电场的作用时,图 4.1 中的纳秒脉冲电源处于关闭状态,此时单独使用直流/交流电源,在这种情形下,经比较发现,是否连

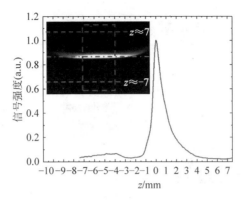

图 4.3 ICCD 相机图片定义火焰面位置

接复杂线路对结果几乎没影响。实验中观测到,直流电场和交流电场的主要作用是改变对冲扩散火焰面的位置,火焰在大多时候可以保持与极板平行的状态,而在竖直方向上发生移动。火焰面位置根据 PI-Max 3 ICCD 相机的拍摄结果进行定位,设置曝光时间为 1 ms,得到图 4.3 中内嵌的火焰图片,图中平行虚线标记了电极的位置。图片在 MATLAB 中进行处理,对图 4.3 标记的矩形框内水平方向的信号强度进行积分,画出积分强度随 z 坐标的变化,定义最大强度处为火焰面位置。当给火焰面两侧加上直流电场时,火焰面位置在竖直方向上发生变化,结果如图 4.4 所示。

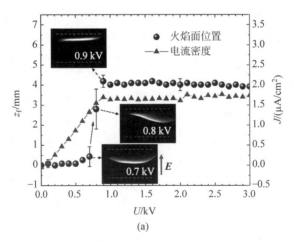

(a)

图 4.4 火焰面位置(z_f)及电流密度(J)随电势(U)的变化(氮气稀释)

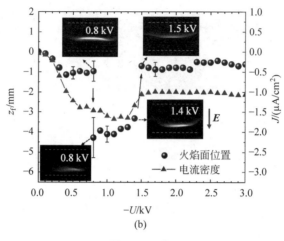

图 4.4 （续）

图 4.4 展示的是氮气稀释组的结果，图 4.4(a)所示是正电势，电场方向向上；图 4.4(b)所示是负电势，电场方向向下。图 4.4 中显示出电势每次改变 100 V，并给出了对应的电流密度值。正电势作用下，在 0~0.7 kV，火焰向上移动了约 0.5 mm，在 0.7~0.9 kV 时发生骤变，火焰跳动到 $z=4$ mm 的位置，其中在 0.8 kV 时，火焰面不稳定且明显倾斜。在跳动到 4 mm 之后，继续增大电压时，火焰位置不再变化，电流密度值也进入饱和状态。

在负电势作用下，0~0.4 kV 时，火焰沿着电场方向逐渐向下移动到 $z=-1$ mm 处，而在 0.4~0.8 kV 时保持水平。在 0.8 kV 左右，火焰进入不稳定状态，在竖直方向上振荡，时而保持在 $z=-1$ mm 的位置，时而跳到 $z=-4$ mm 附近；在 0.8~1.4 kV 时，火焰保持在 $z=-4$ mm 位置附近；而当电压上升到 1.5 kV 时，火焰跳回到 $z=-0.5$ mm 附近，并一直维持在这个位置，此时电流密度保持在大约 -1.0 $\mu A/cm^2$。

对于正、负电势的实验，除电势绝对值逐渐上升外，实验也测试了电势绝对值逐渐下降时的情形，结果与图 4.3 无明显区别，说明直流电场对扩散火焰的作用不存在迟滞效应(Ren et al.，2018)。本书获得的结果与文献(Park et al.，2016)中对于负电势驱动的对冲扩散火焰移动的相关研究较为相似：甲烷扩散火焰在负电势驱动下，随着电势幅值的增加，在经历完一个不稳定的阶段后，向下移动到靠近高压负电极的位置，之后随着电势绝对值继续上升往回移动；但 Park 等没有报道正电势的数据。

静电场中火焰面位置的变化由离子风驱动，这已经被研究者所共识。

考虑到火焰面的绝对位置偏向低电势,相比电子,质量更大的正离子可能会发挥更关键的作用。Park 等(2016)的研究发现,当负的直流电场作用到对冲扩散火焰上时,会出现双向的离子风现象,并且采用 PIV 技术示踪了这一效应,定量刻画了流速变化。Belhi 等(2017)则针对 Park 等的实验结果,对电场-对冲扩散火焰体系进行了建模,在 OpenFOAM 中求解了耦合的泊松方程、Navier-Stokes 控制方程组、组分输运方程等,使用了包含甲烷氧化,电子,H_3O^+ 阳离子,O_2^-、O^-、OH^-、CHO_3^- 和 CO_3^- 5 个阴离子在内的 25 组分,76 步反应机理。该研究的主要思路是,火焰中生成的热电子在电场驱动下加速获得能量,撞击 H_2O 和 O_2 等中性粒子形成 H_3O^+ 阳离子和 O_2^- 等阴离子,阳离子和阴离子在电场驱动下形成双向的离子风,当体积力失衡时驱动火焰面移动,例如,负电势作用时阳离子形成的体积力可能大于阴离子:

$$\left(\frac{J^+}{\mu^+}\right) > \left(\frac{J^e}{\mu^e} + \frac{J^-}{\mu^-}\right) \tag{4-1}$$

其中,J 和 μ 分别表示电流密度和电迁移率;+、- 和 e 分别表示阳离子、阴离子和电子。

Belhi 等(2017)的模拟结果与 Park 等(2016)发现的电场移动和双向离子风现象吻合较好,但是对于体系中的电场和电荷密度结果缺乏实验结果可以对比。学术界对于电场-火焰体系中电场和离子分布存在一定争议,例如,Xiong 等(2018)假定在火焰面位置处电场强度为 0,而 Belhi 等(2017)的研究表明,当施加的拉普拉斯电场强度达到 2 kV/cm 时,电势从阳极到阴极几乎是线性变化的,即电场强度均匀分布,受火焰影响较小。为此,本书接下来的主要工作是使用第 2 章介绍的 E-FISH 技术来测量直流电场-火焰体系中的电场强度分布。采用的平面火焰和平行电极提供了近似一维的体系,为 E-FISH 的测量带来了便利。

在火焰环境中进行测量的核心难点不在于 E-FISH 技术本身,而是对结果的标定。二次谐波信号与粒子密度(温度)和组分高度相关,在火焰中对温度和组分进行精确测量并不容易,而且在二次谐波的产生过程中,光电场和外电场诱导分子产生的偶极矩相互作用比较复杂,因此在相同氛围下进行直接标定是比较好的选择。为此,本书利用纳秒脉冲电源发展了自标定技术,基本原理是当火焰与外加直流电场处于平衡时,叠加低于击穿强度的低重复率(10 Hz)纳秒脉冲波形,测量这个已知纳秒脉冲过程中的二次谐波信号变化,可以得到标定系数。标定过程中假定在纳秒脉冲作用时,由于时间极短，体系中的组分、温度等不会发生变化，ICCD 相机的拍摄结果显示火焰面位置也不变。图 4.5 展示的是叠加后的电压波形分布，这里将纳秒脉冲峰值位置定义为零点，脉冲峰宽约为 100 ns，对直流电场的影响时间约为 1 μs。

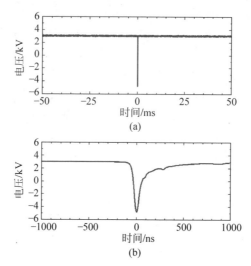

图 4.5　直流电势叠加纳秒脉冲波形图

(b)为(a)的局部放大

由于本书中 E-FISH 的测量精度为 0.5～1 kV/cm，因此只测量了在 3 kV 和 −3 kV 电势作用下的电场分布。在 3 kV 电势下，火焰面位于 $z = 4$ mm 的位置，而在 −3 kV 电势下，火焰面处于 $z = -0.5$ mm 附近。以 3 kV 中一个点为例进行说明，该点处的电场强度由纳秒脉冲电源形成的电场 E_{NS} 和直流电场 E_{DC} 叠加而成，叠加电场用 $E_{S.H.}$ 表示。

$$E_{S.H.} = E_{NS} - E_{DC} \tag{4-2}$$

E-FISH 测量的是此时叠加电场产生的二次谐波信号（$I_{S.H.}$）。图 4.6 同时画出了二次谐波信号的均方根和高压探针测量的叠加电势差 $U_{S.H.}$ 的绝对值。脉冲前端的电势差约为 3 kV，当施加负脉冲之后，电势差幅值先降到 0，然后增加到峰值约 5 kV，之后降到 0 再上升；期间共两次经历零点。

图 4.6 中显示，在 −40 ns 和 60 ns 附近，纳秒脉冲电场与直流电场相互抵消，电势为 0，此时二次谐波信号也接近 0。在电势变为 0 的附近，叠加电场方向发生转向，因此存在以下关系：

$$|E_{NS}| = |E_{S.H.}| + |E_{DC}| \quad (|E_{NS}| > |E_{DC}|)$$
$$|E_{NS}| = -|E_{S.H.}| + |E_{DC}| \quad (|E_{NS}| < |E_{DC}|) \tag{4-3}$$

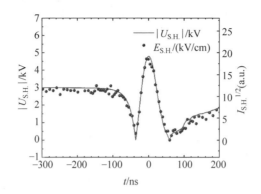

图 4.6 叠加电势差绝对值及测量到的二次谐波信号均方根

E-FISH 测量的是 $|E_{S.H.}|$ 产生的二次谐波信号,根据前文中的结果,在其他参数保持不变时,二次谐波的信号仅与电场强度的平方成正比,也就是存在以下关系:

$$|E_{S.H.}| = k\sqrt{S.H.} \qquad (4\text{-}4)$$

其中,k 是待标定的系数;S. H. 表示二次谐波信号强度。因此式(4-4)可以写成

$$|E_{NS}| = \pm k\sqrt{S.H.} + |E_{DC}| \qquad (4\text{-}5)$$

其中,$|E_{NS}|$ 由未击穿的纳秒脉冲产生,由于其作用时间极小,因此除改变瞬态的电场分布外,纳秒脉冲和火焰不发生直接作用,也就是纳秒脉冲电势保持了原有的波形,产生的拉普拉斯电场 $|E_{NS}|$ 可以通过测量的纳秒脉冲电势除以极板间距得到。将拉普拉斯电场强度与二次谐波信号均方根进行线性拟合可以得到图 4.7(a)。

图 4.7(a)中的横轴是 E-FISH 直接测量的二次谐波信号的均方根,其中部分数据点以零点为基准做了对称变换。纵坐标是对应的 $|E_{NS}|$,曲线的斜率即为标定系数,信号为 0 时的截距 2.17 kV/cm 则是 $|E_{DC}|$,即原来的直流电势和火焰耦合体系中的电场强度。图 4.7(b)展示了纳秒脉冲波形及采用标定系数和式(4-5)重新计算的 $|E_{NS}|$,在合适的缩放倍数下,二者几乎重合,这说明前面的假设是合理的。接下来每个位置的 E-FISH 测量均采用同样的标定方法重新计算。

图 4.8 展示了施加 3 kV 和 −3 kV 电压时,火焰面的位置及中心轴线上电场分布的实验测量值,在这两种情形下,尽管火焰分别位于不同位置($z_f \approx 4$ mm 和 $z_f \approx 0$ mm),但电场分布比较相似。

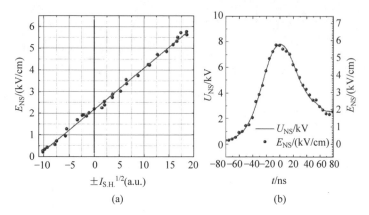

图 4.7 E-FISH 标定线性拟合曲线及标定后的结果对比

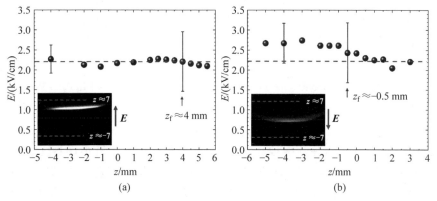

图 4.8 对冲扩散火焰在±3 kV 电势体系中电场强度空间分布实验测量值
(a) 3 kV；(b) −3 kV

测量电场强度为 2~2.7 kV/cm，与图 4.8 中虚线标记的拉普拉斯电场比较接近：

$$|E_{DC}| \approx 3\,\text{kV} \div 13.5\,\text{mm} = 2.22\,\text{kV/cm} \qquad (4\text{-}6)$$

其中，正电压条件下测得的平均电场略低于这个值，负电压条件下测得的平均电场略高于这个值，偏差均在探测灵敏度范围以内。图 4.8 中的结果分别在火焰位置处进行了加密，测量点轴向空间分辨率为 0.5 mm；火焰厚度为 1~2 mm，激光光斑尺寸约为 200 μm，实验结果显示，火焰附近的电场强度是均匀分布的。除直流电场外，图 4.9 展示了交流电场中的火焰行为，与 Park 等(2018)的研究结果相似。在低频(0.1 Hz)时，火焰对电场的响应时间充分，交流电场的作用接近直流电场，火焰的变化位置与直流时相似，几乎没有相位差;而在提高频率后,火焰运动的幅值减小,火焰对电场的响应存在滞后,开始出现相位差。进而当频率提升到千赫兹时,尽管电流密度幅值变化有所增加,但火焰振幅为 0;此时火焰出现了定向的位移,在 3 kV 时的位移距离约为 0.3 mm。Guerra-Garcia 等(2015)发现了相似的定向位移现象,他们建立了一个半经验模型,认为高频交流电场引起火焰中离子的高频振动,部分抵消了局部的流场拉伸,从而使火焰面稳定在了一个新的平衡点。

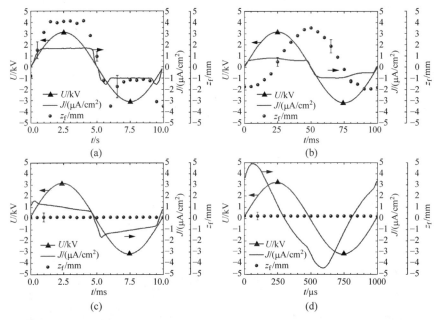

图 4.9 不同频率(f_{AC})交流电场作用下火焰位置(z_f)及电流密度(J)的变化
(a) $f_{AC}=0.1$ Hz; (b) $f_{AC}=10$ Hz; (c) $f_{AC}=100$ Hz; (d) $f_{AC}=1$ kHz

实验中采用相似的标定方法对 1 kHz 交流电的电场强度进行了测量,在 1 kHz 的交流电中叠加了 10 Hz 的纳秒脉冲进行标定,叠加位置在交流电压为 0 附近。图 4.10 展示的是正纳秒脉冲和交流电的叠加波形,以及该纳秒脉冲放大后的波形与标定后的二次谐波电场强度。

图 4.11 展示了在 $z=0$ mm 和 $z=2$ mm 两个位置处测量的电场强度值。电场强度或者二次谐波信号几乎跟随电压波形变化,说明 1 kHz 交流电在火焰中的分布接近拉普拉斯电场;在电压为 0 时,信号几乎不存在。

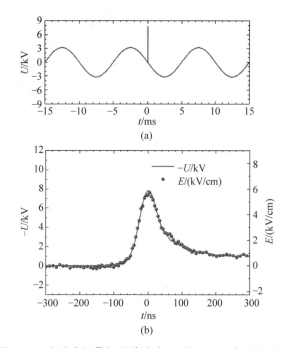

图 4.10 交流电场叠加纳秒脉冲(a)及 E-FISH 标定结果(b)

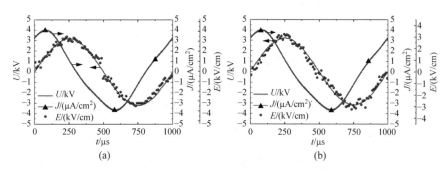

图 4.11 交流电场体系中的二次谐波测量结果

(a) $z=0$ mm; (b) $z=2$ mm

4.2.2 平面预混火焰在静电场中的动力学行为

本节采用与 4.2.1 节相同的对冲燃烧器和电极布置,通过改变上、下喷嘴的气流组分研究预混火焰在静电场中的动力学行为。如图 4.12 所示,上喷嘴采用纯氩气,下喷嘴采用 $CH_4/O_2/Ar$,体积比是 $0.074/0.212/0.714$。实验中发现,采用氩气稀释的预混火焰的稳定性较于氮气稀释更好。上、下喷嘴的流速分别是 0.43 m/s 和 0.72 m/s，这样的配比可以使火焰在电中性条件下大致稳定在两个喷嘴的中间位置，从而为火焰形态变化提供充分空间。

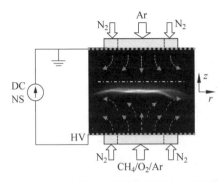

图 4.12　对冲预混火焰结构及电路连接

图 4.13 展示了在上、下极板间存在直流电势差时火焰的形态变化。分别采用了正、负电势差，幅值变化范围为 0~3 kV，每次改变 0.1 kV。实验中观测到，当电势差从 0 kV 升到 3 kV 和从 3 kV 降到 0 kV 时，在相同电势下，火焰的形态可能不同，火焰变化存在惯性和迟滞(Ren et al.，2018)。

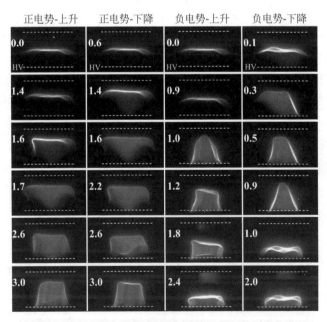

图 4.13　预混火焰在直流静电场作用下的形态变化
图中标注均指电势绝对值

图4.13中出现了三种典型的火焰结构：平面形、圆柱形和锥形，以及它们之间的过渡态。在正电势从0kV增加到3kV的过程中，在1.6kV左右时，火焰的一个角出现弯折，随着电压增加，火焰的边缘全都向下弯折贴近位于下方的高压电极，火焰形状近似圆柱，高度大约为10 mm，圆面直径为6~8 mm。正电势条件下，当电势下降时，惯性现象不明显。而在负电势条件下，火焰形状更加丰富，当电势绝对值从0kV升到0.9kV时，火焰几乎无变化；而当电势再增加0.1~1.0kV时，火焰形状骤变为一个锥形；之后随着电势增加，锥形的顶角不断被下压，到2.4kV左右形成贴近下电极的包覆结构，火焰面褶皱也比较明显。当电势从2.4kV往下降时，火焰结构变化明显存在惯性，在1.0kV时火焰依然贴近下电极，而当电势再下降0.1kV变成0.9kV时，火焰变成一个标准的锥形结构，之后随着电势的进一步下降，贴附在下电极的火焰面开始逐渐恢复成平面结构，直到0.1kV时结束。

图4.14展示了对应的电流密度随电势的变化，并且标注了几个转捩点位置的火焰图像，在正电势和负电势的条件下，当电势绝对值正向变化和逆向变化时，曲线均不能重合，也就是存在所谓的迟滞效应。预混火焰在静电场中的形态变化及迟滞现象在Ren等(2018)的文章中均有报道，研究指出，火焰形态的变化是由于电场力造成的压差与火焰速度相抗衡的结果，在一定条件下，失衡会引起火焰形态的骤变。由于预混火焰在电场作用下不再保持平面结构，而E-FISH测量的是沿程积分信号，因此本研究在预混火焰中未开展电场测量的工作。

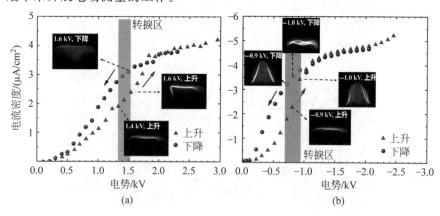

图4.14 预混火焰在直流电场中的形态变化及电流密度

4.3 复合电场在平面火焰中的放电行为

4.3.1 平行金属电极间纳秒脉冲放电

直流电场除在未击穿的体系中改变火焰形状和位置外,也能够在等离子体放电体系中产生一定的耦合作用。运用同样的电极布置方案,本节首先研究在扩散火焰体系中单纯的纳秒脉冲放电行为。为了促进生成等离子体和降低击穿电压,本节使用氩气作为稀释气。

图 4.15 和图 4.16 展示的是纳秒脉冲等离子体在火焰中直接放电的结果,采用不同的 ICCD 相机快门时间获得相应的信号。曝光时间为 400 ns 的图片覆盖了整个纳秒脉冲,展示了等离子体的完整形貌,相比之下,火焰信号比较弱;而采用 1 ms 快门时间拍摄的图片主要记录了火焰的信号,包括火焰单独存在,以及火焰和等离子体共存时的图像。图 4.15 和图 4.16 中后面的 9 张图片的曝光时间为 10 ns,展示了正脉冲等离子体随时间变化的瞬态形貌,图中标记的是快门开启的时刻,该时刻与电压电流曲线一致,0 时刻表征脉宽的最高点。在 $t=20$ ns 时,火焰的上半部分开始击穿,形成大面积的均匀等离子体,随后电离波穿过火焰传递到下电极;然而从 $t=$

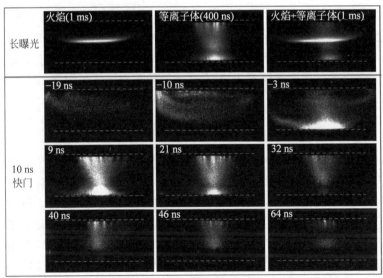

图 4.15 对冲扩散火焰体系中正纳秒脉冲放电等离子体形态

9 ns 开始,等离子体开始变得非常不均匀,信号集中在电极中间部分。此外,由于电极是丝网结构,因此等离子体在电极附近会呈现出一定的离散化形态。

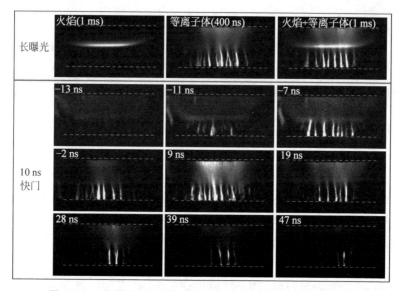

图 4.16 对冲扩散火焰体系中负纳秒脉冲放电等离子体形态

图 4.16 展示了负脉冲放电时的相似现象,击穿从上半部分开始,之后电离波穿过火焰传播到另一侧,但是等离子体变得不均匀。由等离子体与火焰共存的图片可以明显看出,以火焰面为界限,两侧的等离子体形貌完全不同。上半侧的等离子体较为均匀,下半侧的等离子体离散化比较严重,呈现"栅栏"般的结构。

4.3.2 直流-纳秒脉冲复合放电

沿着直流电场中引入纳秒脉冲标定的思路,本节构思了直流和纳秒脉冲放电与对冲扩散火焰耦合的体系,即在 10 Hz 纳秒脉冲击穿放电的基础上叠加一个直流电场。为了实现大气压条件的高效放电,实验中将对冲扩散火焰改为使用氩气作为稀释气,放电测试前首先考证氩气稀释火焰在单纯直流电场作用下的动力学行为,此时未发生击穿现象。图 4.17 显示在正电压条件下,火焰初始阶段与氮气稀释组相似,但是在大约 1.2 kV 后火焰往回移动。而在负电压作用下,与氮气的结果基本一致,火焰向下运动和回复的转捩点都发生在 0.7 kV 和 1.4 kV 左右。火焰位置变化的幅度为 3~

3.5 mm，略低于氮气稀释下的 4 mm。在氩气的稀释条件下，火焰在正、负电势中的表现更具有对称性，移动距离都呈现先增加后下降的规律，特别是上升段在 0.6~0.9 kV 时变化最大，偏差可能源于浮力效应。虽然氮气和氩气都是惰性气体，但是在火焰和电离环境中均会参与反应，二者带来的化学效应和热力学效应有所差别。另外，在相同的燃料或氧浓度条件下，氩气稀释组实现了上、下两股射流的动量守恒，有利于出现对称性的规律。

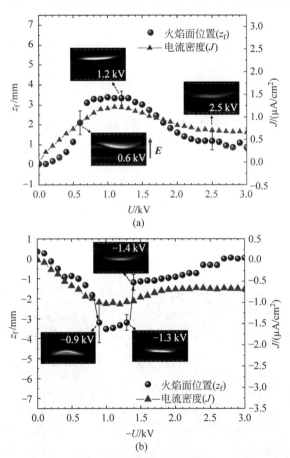

图 4.17　氩气稀释下，火焰在直流电场中的位置变化(z_f)和电流密度(J)

本节接下来研究纳秒脉冲放电叠加负的直流电压的情形。图 4.18 展示的是电压电流波形，峰值约为 12 kV、脉宽约为 200 ns 的纳秒脉冲与 −500 V 的直流电压进行叠加。在 0 ns 时，电压达到峰值附近，电流先迅速增加，接着在 10～20 ns 时达到大约 2.5 A 的峰值，然后随着电压下降而变小。

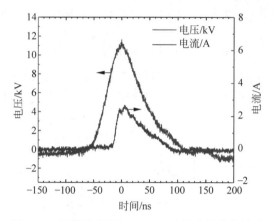

图 4.18　纳秒脉冲叠加−500 V 直流电压放电波形

图 4.19 展示的是对冲火焰中正纳秒脉冲叠加−500 V 直流电压后的等离子体形貌，此时火焰处于 $z_f \approx -1$ mm 的位置，一方面，等离子体击穿电压降低了 1～2 kV，另一方面，等离子体变得比较均匀。此外，从瞬态形貌来看，−17 ns 左右，等离子体击穿从火焰位置附近开始，对应图 4.18 中电流开始上升。然后在几纳秒的时间内，电离波迅速向两侧扩散，在−6 ns 时已经充满整个空间，这种状态一直延续到 28 ns 左右，期间电流维持在 2.5 A

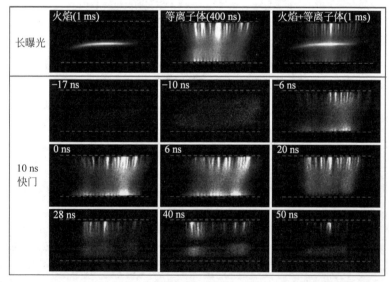

图 4.19　对冲扩散火焰中正纳秒脉冲叠加−500 V 直流电压放电等离子体形态

附近。之后在火焰面位置处，等离子体的信号率先消失，形成一条暗带。等离子体率先在火焰位置附近击穿和消失的现象在有直流电场存在时比较明显，说明在直流电场的作用下，火焰内带电粒子的反应变得更加活跃。此处纳秒脉冲放电的变化可以在一定程度上诊断直流电场与火焰相互作用的信息，而直流电场的存在促进了纳秒脉冲等离子体放电的发生和弥散化，化学动力学效果可能更为显著。这些结果表明，在不增加能量输入的情形下，直流和纳秒脉冲双源耦合具有较大的应用潜力。

在图 4.19 所示的相对均匀和近似一维的体系中，我们可以比较方便地开展电场测量工作，研究击穿过程中的电场变化规律。图 4.20 展示了 $z=0$ mm，$z=-3$ mm 和 $z=3$ mm 位置处的电场数据，在击穿之前，由于直流电场的存在，我们可探测到弱信号。此时理论上的拉普拉斯电场强度约为 0.37 kV/cm，E-FISH 的灵敏度已经不能很好地分辨出信号。从 -60 ns 开始，电场强度随着电势开始上升，$-60\sim-20$ ns 这一段击穿之前的数据可以用于自标定。在 -20 ns 时和 $z=-1$ mm 处，火焰所在的位置开始击穿，这与等离子体图像的结果是一致的，$z=-1$ mm 时的击穿电场强度约为 6 kV/cm，之后由于等离子体的自屏蔽作用，电场强度开始迅速下降。

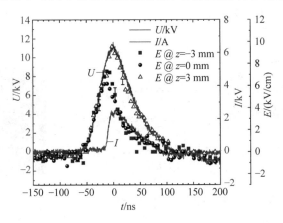

图 4.20 对冲扩散火焰中正纳秒脉冲叠加 -500 V 直流电压放电瞬态电场测量

图 4.20 中，电流在击穿开始时出现了明显上升，在 35 ns 附近达到最大，当电势降到 0 时，电场强度和电流在这个时刻都大约降到 0。不同位置处的击穿时间和电压有所不同，例如，在 $z=-3$ mm 处，大约在 -10 ns 时击穿，击穿电压约为 8 kV/cm；在 $z=3$ mm 处，大约在 -5 ns 时开始击穿，击穿电压约为 9.5 kV/cm，这与图 4.18 中电离波的传播趋势是一致的，火

焰和初始击穿位置在大约 $z=-1$ mm 处,向两侧先传播到 $z=-3$ mm 处,再传播到 $z=3$ mm 处。

4.4 纳秒脉冲 DBD 诱导的燃烧不稳定性研究

4.4.1 双层 DBD 放电驱动的燃烧不稳定性

4.3.2 节研究了直流电场可以与纳秒脉冲放电同时产生作用,其实这种叠加电场在介质阻挡放电中经常出现,正如第 3 章的研究,电荷在介质表面的堆积会产生残余的直流电场。本节将探讨在使用 DBD 调控燃烧时,残余电场对火焰的作用。

本节采用同样的对冲火焰,将电极布置改变为双层 DBD 结构,如图 4.21 所示,将金属电极嵌入陶瓷管内,平行放置,交叉重叠部分间(L_0)可以形成等离子体。铜棒电极直径约为 0.6 mm,陶瓷管内、外径分别为 0.75 mm 和 1.5 mm。两个电极分别放置在上、下喷嘴的出口处,会使火焰轻微扭曲。用喷嘴出口作为特征尺寸,火焰出口气流的雷诺数约为 130,而以电极外径作为特征尺寸,雷诺数约为 20,因此电极对流场的干扰比较小,不会形成比较大的管后涡结构。

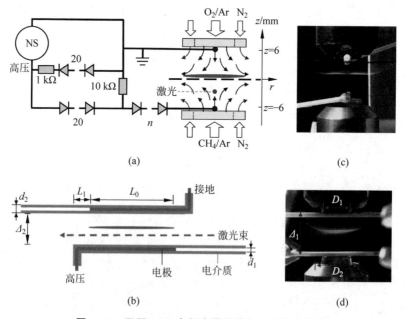

图 4.21 双层 DBD 电极布置及其与火焰的实物图

本节采用纳秒脉冲电源在上、下两个细圆管电极中间产生等离子体放电,在 15 kV 的峰值电压下,击穿依赖火焰的存在。图 4.22 展示了 10 Hz 正脉冲放电时典型的电压、电流波形,并且标记了击穿开始、电流峰值和电流衰减这 3 个典型时刻。在 $t_1 \approx -20$ ns 时,电压大约为 12 kV,开始发生击穿,随后电流迅速增大,在 $t_1 \approx -5$ ns 时达到峰值约 1 A,电流在接下来的 20 ns 内衰减到接近 0,比电压衰减得更快;计算的单脉冲能量小于 1 mJ。此外,图 4.22 估计了由于 DBD 的电容特性造成的位移电流,峰值约为 0.2 A。

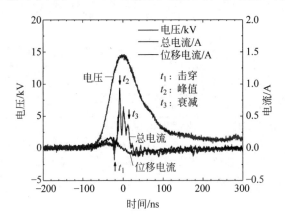

图 4.22 对冲扩散火焰体系中纳秒脉冲 DBD 放电的电压、电流波形

图 4.23 展示了用 ICCD 相机分别从正面和侧面拍摄的等离子体放电形貌,每个子图的前 5 帧图采用 10 ns 的曝光时间,标记的时间与图 4.22 的横轴一致。等离子体集中在两个电极中间厚度为 1~2 mm、宽度为 12~15 mm 的区域内。在 −17 ns 之前,下电极附近已经发生击穿,随后在 −11 ns 时,电离波传递到了接地电极,等离子体在两个电极间的空间内维持到接近 20 ns,图 4.22 显示 20 ns 时电流接近 0 A,二者是一致的。

在 DBD 放电过程中,我们可以观察到火焰发生了轻微振荡,图 4.24 是 ICCD 相机记录的火焰形貌,曝光时间为 1 ms,图中标记的时间是快门开启的时间,以图 4.22 中的电压峰值为 0 点。图 4.24 正好覆盖了一个放电周期(100 ms),火焰的行为具有比较好的重复性,在平面内的振幅为 1~2 mm。由于电极布置是二维结构,因此火焰面出现了弯曲。

由于存在击穿放电,因此火焰脉动可能源于等离子体的不同效应,包括热效应、化学效应和离子风效应。对比 DBD 放电和采用丝网电极的结果可以发现,二者都产生了等离子体,特别是在丝网电极中,单脉冲能量和放电

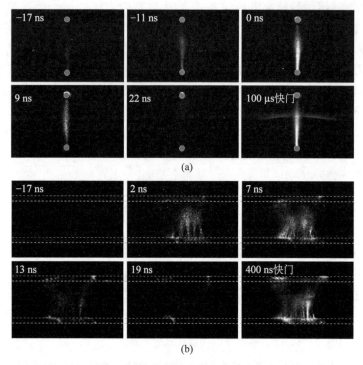

图 4.23 等离子体放电形貌的正视图和侧视图
(a) 正视图；(b) 侧视图

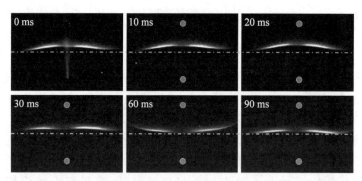

图 4.24 对冲扩散火焰在 10 Hz 纳秒正脉冲放电情形下的振荡行为

范围更大,但是没有造成火焰位置的变化,反而图 4.4、图 4.9 和图 4.17 显示了相对比较弱的直流电场和低频交流电场能够造成火焰面位置的变化。考虑第 3 章的研究我们已经发现,DBD 残留在介质表面的电荷会形成直流电场,因此可以猜测,火焰面的振荡行为可能主要是由电动力学效应造成的,而不是由热效应或者化学效应主导的。为了更好地进行对比,本书测试了在电极上加载直流电($\pm(0\sim3)$kV)的情形,同样发现了图 4.24 中相似的火焰面弯折现象。Criner 等(2007)在使用纳秒脉冲 DBD 来稳定丙烷射流火焰时,也发现了稳燃效果仅在电介质存在时出现,移除电介质的金属电极间纳秒脉冲放电没有明显的稳燃意义;此外,他们在同样的电极上加载直流电也发现了相似的稳燃现象,因此推断纳秒脉冲 DBD 的稳燃效果源于介质表面残余电荷形成的直流电场,但是缺乏直接的证据。本书发展的 E-FISH 为直接验证这个猜想提供了可能,因此接下来本书将运用 E-FISH 测量该体系中的电场分布以确定在脉冲前后直流电场的存在,测量中采用自标定技术,本书先对该电极产生的 Laplacian 静电场进行数值求解。

图 4.25 展示的是二维 Laplace 方程的数值求解结果,平行电极及刚玉管垂直于纸面。计算过程中,氧化铝的介电常数为 9.1,在下电极加上了 14.5 kV 的电势,上电极电势为 0。受到曲率的影响,电极所在中心线($r=0$)上方靠近电极位置的电场强度较大,在中心区域较小,约为 10 kV/cm。而在 $z=0$ 这条水平线上,中心位置的电场强度最大,并随着 r 增加而衰减。因此电场对火焰的作用主要集中在电极所投影的区域,对远离平行电极平面区域的影响比较微弱,进一步解释了前面所讨论的火焰面出现弯折而非整体平移的现象。

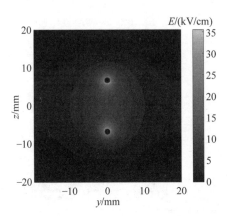

图 4.25　平行杆电极的 Laplacian 电场分布计算结果(见文前彩图)

图 4.26 展示了在 DBD 和扩散火焰中的电场测量结果,其中图 4.26(a)展示的是在火焰中心线上 3 个不同位置点测量的电场(实心点)随时间的分

布,对脉冲的核心区域进行了高时间分辨率的解析;图中的连续曲线是当电极加上纳秒脉冲波形时,理论上在 3 个不同位置处产生的 Laplacian 电场随时间的分布,三条曲线的形状与图 4.22 的波形相似。但是如图 4.25 所示,中心轴线上($r=0$)的电场强度空间分布不均匀,越接近电极的位置电场强度越大,而中间的值最小。

图 4.26(a)显示,在击穿之前确实存在一定强度的残余电场,特别是在 $z=5\,\mathrm{mm}$ 的位置,电场强度达到了大约 $2\,\mathrm{kV/cm}$,结合 4.1 节的结果,这个电场强度足以造成火焰面位置的移动并引发不稳定性行为。在 $-60\,\mathrm{ns}$ 左右,随着电势开始增加,叠加的电场强度逐渐降到 0 并发生方向变化,之后顺着电势持续增加。在 $-60\sim-20\,\mathrm{ns}$ 这段区域内,二次谐波的信号曲线与 Laplacian 电场的变化几乎是一致的,本书正是采用这段数据进行自标定。在 $-20\,\mathrm{ns}$ 左右开始发生击穿,电场强度达到峰值,之后由于等离子体的自屏蔽效应而下降,击穿时刻与图 4.23 的结果互相照应。在相同的时间点,不同位置的电场强度也不相同,图 4.26(b)展示了 3 个特征时刻(如图 4.22 标记),记录了相同时间不同位置处的瞬态电场强度(离散点);此外,图中的连续曲线记录的是当峰值电压为 $14.5\,\mathrm{kV}$ 时,在中心轴线上($r=0$)沿着 z 方向的理论 Laplacian 电场强度分布,曲线呈现出具有对称性的倒 U 形形状,在接近电极附近位置由于曲率增大而迅速增加。实际测量得到的电场强度均低于 Laplacian 电场强度,但在相同时刻的空间分布也呈现出倒 U 形形状。

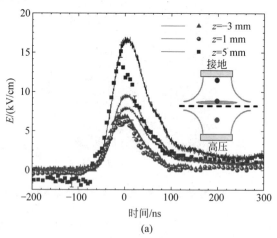

图 4.26　纳秒脉冲 DBD 在扩散火焰体系中电场的时间分布和空间分布(见文前彩图)
(a) 时间分布;(b) 空间分布

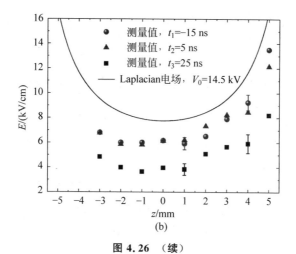

图 4.26 （续）

4.4.2 火焰振荡的调控及其机理分析

为了突出纳秒脉冲 DBD 放电中的直流效应，本书对电路和脉冲波形进行了设计，如图 4.21 或图 4.27(a) 中内嵌图所示，在电路中加上了串联的二极管。图 4.27 展示的是二极管串对于输出电压的调控效果，其中图 4.27(a) 和 (b) 分别是缩小和放大后的波形。电势上升时二极管是通路，图 4.27(b) 显示二极管的加入并不会改变电压的上升沿，也就是说不会直接改变纳秒脉冲放电的击穿过程和能量输入，即等离子体的热效应和化学效应变化较小；而在电势下降的过程中，此时二极管具有阻断效应，类似一个阻值大约为 1 GΩ 的大电阻，而且阻值随着串联的二极管数量增加而增加；注意到，

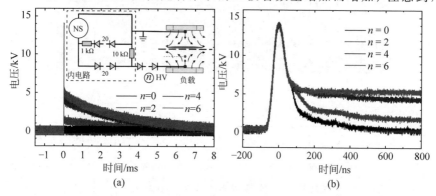

图 4.27 采用二极管串调整的电压波形（见文前彩图）

n 标记的是二极管数目

DBD 电极和火焰体系具有电容的性质,通过高频交流电测量出的等效电容值约为 0.44 pF,此外图 4.22 中画出了正常纳秒脉冲放电时,电容效应导致的位移电流。在引入二极管之后,二极管的电阻效应和电极及火焰的电容效应将产生毫秒级别的时间延迟($\tau_{decay} \approx R \cdot C \approx 1$ ms),图 4.21(a)显示电势的下降将推迟近 8 ms,换句话说,在纳秒脉冲放电之后额外加上了 10 ms 量级的直流电场效应。

本节首先采用 ICCD 相机观测新的纳秒脉冲波形驱动的 DBD 等离子体的形貌,图 4.28 展示的是采用 4 个二极管时的结果,其中 400 ns 和 100 μs 快门时间的照片分别显示等离子体及它与火焰共存时的整体形貌,中间 7 张标记时刻的是 10 ns 曝光时间照片的快门开启时刻,与图 4.27(b)对应。结果显示,此时的放电过程和电离波变化与图 4.23 中原始波形的结果是相似的,但是新波形产生的等离子体更加均匀,这与 4.2 节发现的结论一致,也就是直流电场的存在在一定程度上可以提高等离子体放电的均匀性,在研究冷态的纳秒脉冲放电时也有类似的结论(邵涛 等,2015)。

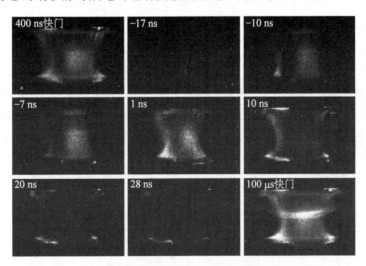

图 4.28　新纳秒脉冲波形 DBD 等离子体形貌($n=4$)

图 4.29 展示了不同的二极管数量下,等离子体及它与火焰的整体形貌,分别采用 400 ns 和 100 μs 的曝光时间,100 μs 时的照片同时显示了火焰面。结果表明,随着二极管的增多,火焰形貌没有发生明显变化,而等离子体变得均匀,分界点在 $n=2$ 和 $n=4$ 之间,即只有直流电场效应增强到一定程度才会明显改善放电的不均匀性。

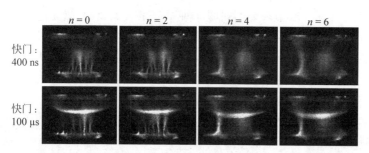

图 4.29 不同二极管数量下(n)等离子体及它与火焰的整体形貌

图 4.30 展示了 $n=4$ 时的电场分布结果,其中图 4.30(a)显示的是 $-200 \sim 300$ ns 的结果,与图 4.26(a)相似,连续曲线表示理论的 Laplacian 电场分布,离散点表示电场强度测量值。在脉冲发生前,残余电场变得更加明显,而在脉冲发生后,由于电势的衰减被延迟了,电场强度的下降趋势也变缓,出现了一段时间的直流电场效应,在火焰附近处达到了 2 kV/cm 的强度。然而此时离散点的数据均低于 Laplacian 曲线值,表明残余电荷形成了反向的电场,部分抵消了由脉冲电源产生的电场。

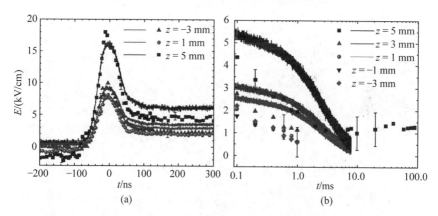

图 4.30 新纳秒脉冲波形 DBD 等离子体的电场测量结果(见文前彩图)
$n=4$

图 4.30(b)展示的是 $0.1 \sim 100$ ms 的测试结果,结果显示在 $0.1 \sim 10$ ms,随着外加电势的进一步降低,电场强度也会逐渐下降。然而在这之后的 $10 \sim 100$ ms,$z=5$ mm 处的结果显示,此时残余电场依然存在,并且可能发生了方向转变,但由于已经贴近测量的灵敏度极限,因此无法确定确切位置。

图 4.31 展示了新纳秒脉冲波形驱动下的火焰运动,曝光时间的选取和标记时间的意义与图 4.24 相似,放电频率保持在 10 Hz,二极管数量从 0 增加到 6。图中 $n=0$ 的结果与图 4.24 是重复的,此时火焰振荡的幅度较小;当 n 增加时,火焰的振幅明显增大,在 $n=4$ 之后基本达到饱和。

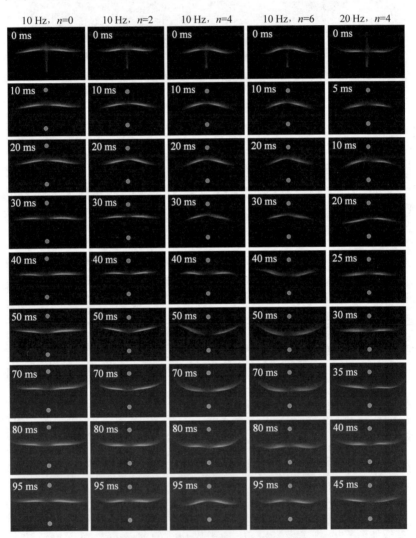

图 4.31 新纳秒脉冲波形驱动下的火焰运动

在 $n=4$ 时,火焰中部在 0~30 ms 向上运动 1~2 mm,在 40~80 ms 向下运动,振幅为 3~5 mm。结合前面的研究,增加 n 的主要作用是改变直流电场作用,而对放电本身的影响较小。因此这里认定,火焰振荡的加强主要是直流电场形成的体积力所产生的电动流体力学效应,而不是热效应和化学效应。除研究 n 的规律外,本书还改变了放电频率,在低频时振幅是相似的,当频率提高到近 20 Hz 时,火焰振幅开始减小。注意到流场的拉伸率大约为 $35\ \mathrm{s}^{-1}$,因此当特征频率接近这个尺度时,火焰的响应会变弱,类似 4.2.1 节中交流电场作用的结果,火焰在外电场频率变高时出现振幅减小和相位差。

除使用二极管加强火焰的振荡外,本书还研究了脉冲串模式(burst mode)作用下的火焰行为,放电脉冲由 Stanford Research Systems 公司提供的 DG645 数字延迟脉冲发生器触发。如图 4.32(a)所示,该模式的主频率是 10 Hz,每一次放电时产生 10 个频率为 250 Hz 的脉冲,这里未使用二极管($n=0$)。该模式下的等离子体形貌与图 4.23 比较接近,但是如图 4.32(b)所示,火焰的振荡也明显加强,振幅达到 3~4 mm。图 4.33 展示了脉冲串模式下的电场测量结果,挑选的是每 10 个连续高频脉冲中的第 6 个脉冲进行重复性测量。

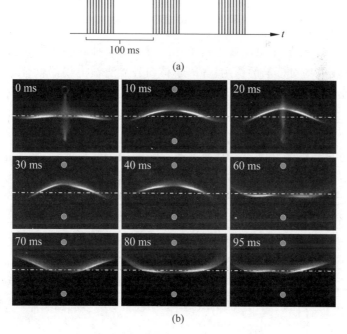

图 4.32 脉冲串模式下的纳秒脉冲波形及其驱动的火焰振荡

图 4.33 中,电场随时间和空间的分布与前面的结果相似,同样存在一定强度的残余电场。在 120～150 ns,脉冲电势还未降到 0,但此时电场强度已经降到 0 并且随后发生方向反转。从电场测量结果和火焰行为来看,脉冲串模式下存在连续性的电荷累积过程,残余电场和电动流体效应均得到了加强,火焰振荡的幅度接近采用二极管调整纳秒脉冲波形的结果。

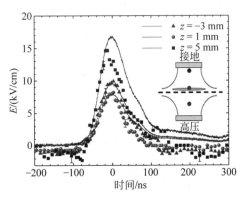

图 4.33 脉冲串模式下纳秒脉冲放电中的电场测量(见文前彩图)

4.5 本章小结

本章重点研究了电场在等离子体助燃中的一些作用机制,包括单独的直流、交流电场对火焰的作用,等离子体与外加直流电场的耦合,以及由于介质表面残余电荷形成的外电场产生的动力学效果,特别是发展了 E-FISH 技术来测量不同环境的电场分布,为机理研究提供了支撑。主要结论分述如下。

(1) 直流电场可以造成对冲扩散火焰的火焰面位置移动,本书使用的电势差范围为 0～3 kV,火焰面位置的移动范围为 0～4 mm。尽管可能发生回复,但绝对偏移方向均指向负电极,相比电子,质量更大的带正电离子可能发挥了更关键的作用。低频的交流电场产生了类似直流电场的作用,随着频率提高,火焰响应变慢。

(2) 利用未击穿的纳秒脉冲发展了直/交流-火焰作用体系中的 E-FISH 标定技术,测量结果显示,扩散火焰体系中的电场分布基本遵循 Laplacian 电场,表明净电荷的密度还未达到明显改变泊松方程控制下电场分布的地步。

(3) 平面预混火焰在直流电场中呈现出不同的三维结构,相同电场强度下,火焰结构还受到电势差方向及变化趋势的影响,存在明显的惯性和迟滞现象,与电流密度曲线的变化相吻合。

(4) 在扩散火焰体系中进行了纳秒脉冲放电,火焰明显降低了击穿阈值,以火焰面为界限,等离子体在一侧的弥散性较好,类似辉光放电;在另一侧,丝状化显著,表现为流注放电。给纳秒脉冲放电耦合一个约-500 V 的直流电压时,实现了整个火焰区间的均匀放电,在该体系中进行了电场强度测量,与 ICCD 相机拍摄的电离波发展过程一致。

(5) 在对冲扩散火焰中用杆状电极布置了纳秒脉冲 DBD 放电,造成了火焰面的振荡,特别是在延迟纳秒脉冲电势下降时,振幅增强。结合电场测量结果发现,火焰振荡是介质表面残余电荷形成的电场引发的流体动力学效应造成的。等离子体的这种气动效应可能会引发不稳定性甚至造成熄火,但文献中也报道了其在防止吹熄和稳燃方面的积极意义,因此在等离子体助燃中,需要根据具体情景进行设计。

第 5 章　等离子体拓展着火/熄火极限的化学机制

5.1　本章引言

本章主要研究等离子体带来的化学效应,通过产生自由基、小分子和激发态粒子等活性物质加快链式反应速率,从而拓展或改善燃料裂解和着火/熄火特性。第 3 章的研究发现,在层流火焰稳定燃烧时,等离子体的能量比燃烧反应低,产生的化学效应相对较弱,因此本章主要研究等离子体化学效应在着火和熄火等极限条件下发挥的作用,并通过在线和离线的诊断方法对其中的关键组分进行测量,结合数值模拟工作分析化学调控路径。

5.2　DBD 改善着火/熄火极限的实验结果

5.2.1　DBD 对甲烷着火温度的影响

着火和熄火均是燃烧中的典型临界现象,其中着火是缓慢的低温氧化反应向快速的高温氧化反应转变的过程,着火点可以定义为在某个时刻和位置之后,氧化反应自动加速且迅速进入高温状态的临界条件。过去的研究对于着火有几个经典的判定机制:①热力学机理,化学反应的释热率大于热损失;②链式反应机理,链激发反应生成自由基的速率超过链终止反应所消耗自由基的速率;③热动力学模式,热释放和自由基生成进入正反馈,从而加速反应实现着火。

在 C.K. Law 等(2006)的早期研究中,如图 5.1 所示的 S 形曲线被广泛用于表征着火、熄火和反应的状态。曲线的横坐标是邓克尔数(Da),表征流场特征时间与化学反应特征时间之比。不同的 S 形曲线中,横坐标可以用火焰的拉伸率、边界温度和反应物浓度等能够刻画流场或反应特征时间的自变量参数代替。纵坐标表征的是反应进程,包括反应率,最高温度和氧化产物等。S 形曲线从小 Da 的状态开始,此时反应速率极低,处于"冻结"状态。随后 S 形曲线的衍化中覆盖控制方程组的所有状态,由下支、中间部分和上支组成,着火点和熄火点由曲线的拐点定义。其中,中间部分是由于燃料的高活化能导致的非稳态解,在本书中不进行讨论。着火实验与系统特性相关,包括反应组分、预混条件、温度边界和流场条件等,对冲火焰是研究存在给定拉伸率扩散火焰着火的重要工具;通常是将对冲火焰的氧化剂侧预热到一定程度实现强迫着火,Law 等用这种方法测试了甲烷、氢气、一氧化碳及高分子碳氢原料等在不同组分、拉伸率和压力条件下的着火特性。

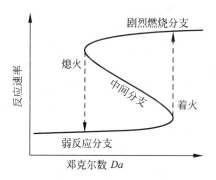

图 5.1　S 形曲线示意图

DBD 等离子体对甲烷着火的实验在如图 2.12 所示的对冲扩散火焰装置中进行,其中下喷嘴与 DBD 装置耦合,通入 CH_4/Ar(体积比 0.15/0.85)混合气体;上喷嘴具有预热功能,通入 O_2/Ar(体积比 0.42/0.58)气体,采用高温 O_2/Ar 气体实现甲烷的强迫着火。着火实验中喷嘴出口处的温度 T_O 可以通过温控系统进行调节,并且采用一个 K 型热电偶进行测量。火焰面附近的温度则采用 B 型热电偶进行测量,热电偶的尺寸约为 0.5 mm,精度约为 1 K,高温测量中考虑了辐射修正。

着火实验采用标准的程序进行,即逐步增加上喷嘴 O_2/Ar 气体的温度 T_O,直至观察到火焰或者测量到明显的火焰区域温度(T_f)上升,判定上喷嘴出口温度 T_O 的临界值为着火温度(T_{ig})。在开展着火实验之前,下喷嘴先使用纯氩气,测量不同的上喷嘴出口温度控制的滞止面附近的气体温度,如图 5.2 中的方形点所示。

正式的着火实验中,下喷嘴采用 CH_4/Ar 混合气体,从大约 900 K 开

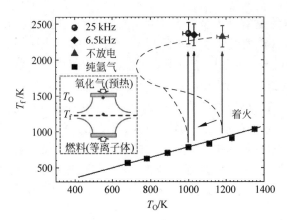

图 5.2 等离子体开启和关闭条件下的着火实验结果,初始冷态下总体拉伸率约 $60\ s^{-1}$

始,通过温控系统控制 T_O 缓慢上升,每次提高约 10 K,保持 30 s 左右,如果没有发生着火现象即再次加大 T_O,直到观察到着火现象,在本节的燃料和氧化剂配比下,可以观察到明显的淡蓝色扩散火焰,而滞止面附近的温度也发生跃变。临界的 T_O 定义为着火温度,实验重复性误差不超过 ± 30 K。图 5.2 显示,当等离子体关闭时,着火温度约为 1180 K。

等离子体助燃实验中分别采用了 6.5 kHz 和 25 kHz 的放电频率,对应的电流电压曲线如图 5.3 所示。电压峰值均为 8 kV,而电流存在明显的区

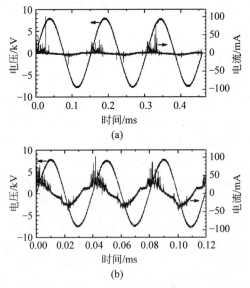

图 5.3 同轴射流介质阻挡放电电压与电流波形
(a) 6.5 kHz; (b) 25 kHz

别,可能是由于 DBD 的电容效应在高频下产生了更大的位移电流。对电压、电流曲线进行积分,可以计算 6.5 kHz 和 25 kHz 放电下的功率分别约为 15 W 和 50 W,占燃烧热功率(500 W)的 3% 和 10%,电能被 DBD 中大量的丝状放电过程消耗。实验表明,提高工作频率会增加放电功率,这与文献(Kogelschatz,2003;Kriegseis et al.,2011)报道的放电功率与频率存在 $f^1 \sim f^{3/2}$ 关系的结论是一致的。

图 5.2 显示,在 6.5 kHz 和 25 kHz 的等离子体作用下,着火温度分别降到大约 1030 K 和 1000 K,降低了 150~180 K。等离子体对着火的促进作用可初步归结为化学效应。首先,第 3 章的研究表明,大部分的流场扰动被整流筛削弱了;其次,本书测量了在放电作用下,等离子体喷嘴出口的温升大约为 30 K,通过后续的 Chemkin 研究可以发现,这个温升对着火温度不会产生明显影响;此外,这个结论在第 6 章研究大分子燃料的着火时也被实验所验证。

5.2.2 DBD 放电对甲烷熄火极限的影响

在同样的实验装置下,本节开展熄火实验研究,结果如图 5.4 所示。此时关闭上喷嘴的预热功能,上、下喷嘴的出口温度均是常温。实验中保持出口流量和上喷嘴氧气摩尔分数($\chi_O=0.42$)不变,不断降低下喷嘴燃料气体中的甲烷摩尔分数(χ_F),直到发生熄火。由于临近熄火时,火焰的信号比较弱,因此使用 PMT 和 430 nm 的带通滤光片测量火焰整体的 CH^* 信号,作为火焰的标记物。第 2 章的论证表明,该方法测得的 CH^* 信号可以表征火焰释热率。

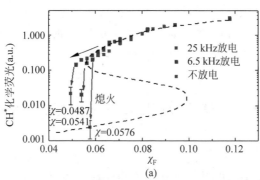

图 5.4 不同拉伸率和等离子体条件下的对冲扩散火焰熄灭极限

(a) $\kappa_G=30\ s^{-1}$; (b) $\kappa_G=60\ s^{-1}$; (c) $\kappa_G=90\ s^{-1}$

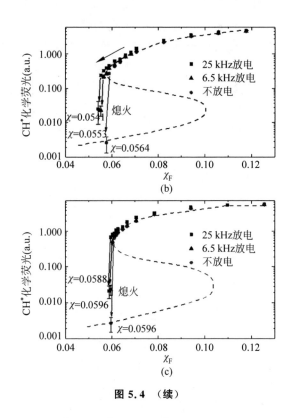

图 5.4 （续）

CH* 信号在 30 s^{-1}、60 s^{-1} 和 90 s^{-1} 流场拉伸条件下的强度随着下喷嘴中甲烷摩尔分数下降而变弱，其中 CH* 骤降的临界点表征了熄灭极限。在不放电的情形下，熄灭极限在 0.0564～0.0596，对拉伸率不敏感。而在等离子体作用下，30 s^{-1} 拉伸条件下，熄灭极限从 0.0576 拓宽至 0.0487，降低了约 15.5%。但等离子体对于熄灭极限的拓展作用随着拉伸率的上升而降低，在 90 s^{-1} 时，拓宽作用已经不明显。

5.3　DBD 及火焰中关键中间产物

5.3.1　CH 自由基分布

本书首先使用 OpenFOAM 开源软件包中的 reactingFOAM 求解器计算了中性条件下对冲扩散火焰中 CH 自由基的分布，计算结果可以与 CH PLIF 的实验结果进行对比。数值模拟采用 GRI-Mech 3.0 机理，共 53 个

组分,包含 CH 自由基的反应。主要控制方程如下:

$$\frac{\partial \rho}{\partial t} + \nabla(\rho \boldsymbol{u}) = 0 \tag{5-1}$$

$$\frac{\partial}{\partial t}(\rho \boldsymbol{u}) + \nabla(\rho \boldsymbol{u}\boldsymbol{u}) = -\nabla P + \nabla \boldsymbol{\tau} + \rho \boldsymbol{g} \tag{5-2}$$

$$\frac{\partial}{\partial t}(\rho h_s) + \nabla(\rho \boldsymbol{u} h_s) = \frac{DP}{Dt} + \nabla(\rho \alpha \nabla h_s) + \dot{Q}_k - \nabla \dot{Q}_{rad} \tag{5-3}$$

$$\frac{\partial}{\partial t}(\rho Y_k) + \nabla(\rho \boldsymbol{u} Y_k) + \nabla(\rho D \nabla Y_k) - \dot{r}_k = 0, \quad k = 1, 2, \cdots, 53 \tag{5-4}$$

其中,ρ 是密度;t 是时间;$\boldsymbol{u}$ 是速度矢量;P 是压力;$\boldsymbol{\tau}$ 是应力张量;$\boldsymbol{g}$ 是重力加速度;h_s 是定压反应焓;α 是热扩散系数;$\dot{Q}_k$ 是体积变化源项;$\dot{Q}_{rad}$ 是辐射热损失;Y 是组分质量分数;$\dot{r}_k$ 是组分生成率;下标 k 标记的是第 k 个组分。

计算中考虑了协流及重力带来的影响、主流和协流的流速及组分参照实验条件。此外,计算中基于光学薄层模型(Hall,1993)在 reactingFOAM 求解器中添加了热辐射项,主要考虑甲烷火焰中 CH_4、H_2O、CO 和 CO_2 等 4 种非对称分子:

$$\nabla \dot{Q}_{rad} = -4\sigma \beta_P (T^4 - T_0^4) \tag{5-5}$$

$$\beta_P = \sum p_i \beta_i (i = CH_4, H_2O, CO, CO_2) \tag{5-6}$$

其中,σ 是斯蒂芬-玻耳兹曼常数($\sigma = 5.67 \times 10^{-8} W/(m^2 \cdot K^4)$);$T$ 是流体温度;T_0 是环境温度;p_i 是第 i 个组分的分压;β 是普朗克平均吸收系数。

Grosshandier(1993)给出了模型的基本推导过程和计算平均吸收系数的工具 RADCAL;Barlow 等(2001)对该模型在层流部分预混对冲火焰等燃烧体系中的适用性进行了评估和验证,Cuoci 等(2013)将该模型引入了基于 OpenFOAM 的燃烧计算中。

如第 3 章所述,OpenFOAM 采用的是有限体积法(FVM)进行求解。如图 5.5(a)所示,求解的是一个三维楔形结构,楔角为 5°,在厚度方向只有一层网格,因此实际计算的是二维结果,由于火焰中 CH 自由基所在的区域十分稀薄,因此对计算域中部的网格进行了加密。图 5.5(b)、(c)和(d)分别展示了温度、CH_3 和 CH 自由基的分布云图;给定参数下计算得到的火焰锋面温度接近 2400 K,CH_3 自由基质量分数最高接近 10^{-3},而 CH 基的

质量分数在 10^{-7} 量级,其中图 5.5 对 CH 自由基的分布在图 5.6 中与电中性的实验结果进行了对比。

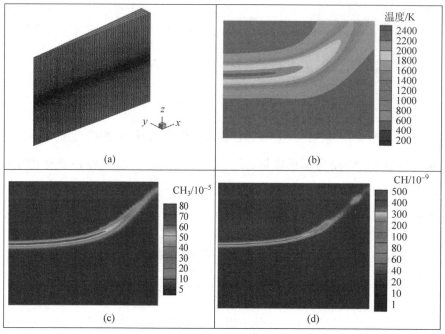

图 5.5　二维楔形结构的网格划分及计算结果云图(见文前彩图)

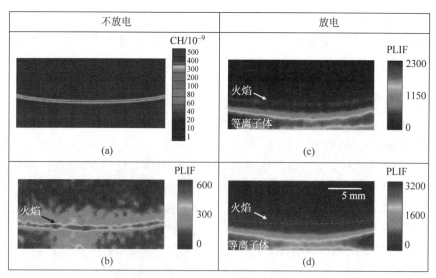

图 5.6　CH 自由基分布的数值计算值和实验测量值(见文前彩图)
(a) 数值解；(b) PLIF,6.5 kHz；(c) PLIF；(d) PLIF,25 kHz

图 5.6(a)和图 5.6(b)是不放电情形下,CH 自由基分布的数值计算结果和实验测量结果,二者可以进行互相验证。由于浮力的影响,两张图中的 CH 分布都呈现向下轻微弯折的弧度。数值结果显示,CH 集中在非常薄的区域,质量分数峰值大约在 5×10^{-7} 的量级。实验中测量到的 CH 信号相对较弱,存在一定的背景噪声干扰。图 5.6(c)和图 5.6(d)展示的是等离子体开启后的 CH 分布,此时下喷嘴等离子体射流产生的 CH 浓度明显增强,信号强度是火焰峰值的 3~5 倍。图 5.6 中标记了火焰面所在的位置,等离子体射流中 CH 基信号在离火焰面 1~2 mm 的位置处突然消失。本节目前只给出等离子体产生的 CH 分布的定性结果,因为纳秒脉冲激光对 CH 的激发状况及其荧光淬灭效应是非线性化的,本书未进行 PLIF 的定量化标定。然而,Cattolica 等(1984)的研究认为,在层流火焰体系中 300~2000 K 的范围内,CH^* 的淬灭变化不超过 20%,因此结合图 5.6 中等离子体射流与火焰中的 CH 信号强度比值,以及图 5.5(a)中 CH 质量分数的计算值,可以估计等离子体中 CH 质量浓度大约在 10^{-6} 的量级。

CH 是一种寿命极短(小于 1 μs)的物质,因此图 5.6 中测量得到的 CH 信号都是在本地生成的,而非由其他位置产生后输运到待测位置。结合图 2.12 中等离子体射流的发光信号,从定性的角度来看,CH PLIF 更进一步地确认了等离子体射流在喷嘴出口外的作用。也就是说,尽管 DBD 电极布置在下喷嘴内部,但是等离子体的作用并不局限在电极区域,而是可以延伸到火焰面附近直接发挥作用;特别是一些寿命比较长的活性物质,例如,寿命在毫秒量级的 Ar^*,直接参与了火焰核心反应区的氧化过程。

5.3.2 气相色谱离线测量

除采用 PLIF 技术在线测量自由基外,本节使用气相色谱分析(gas chromatograph,GC)离线测量 CH_4/Ar 混合气经过 DBD 重整后的物质成分。实验中采用的是 PerkinElmer 品牌的气相色谱仪,检测器为热导检测仪,同时使用了两路并行的色谱柱。A 色谱柱填充的是 5A 分子筛,用于测量 H_2、O_2 和 N_2 等物质,其中 O_2 和 N_2 可以用于估计采样时的空气混入量;另一路 B 色谱柱填充 Al_2O_3/KCl,用于测量碳氢类有机物质。测量仪器和待测气体均经过了标定。

图 5.7 展示的是 6.5 kHz 和 25 kHz 等离子体重整甲烷后生成组分在 A、B 色谱柱分别产生的色谱峰。两个色谱柱均出现了 CH_4 的特征峰,但碳氢分子主要采用色谱柱 A 的结果进行分析,在图 5.7(a)和(c)中,CH_4

的特征峰远远高于其他小分子，经过局部放大，可以观测到 C_2H_6、C_2H_4、C_3H_8 和 C_3H_6 等含碳原子数更多的分子。在 B 色谱柱上，H_2 的特征峰相对比较突出，此外 N_2 和 O_2 的特征峰叠加在一起。

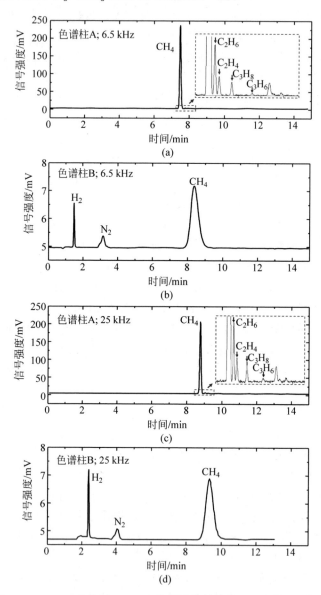

图 5.7　6.5 kHz 和 25 kHz DBD 等离子体射流中组分的气相色谱峰

第 5 章 等离子体拓展着火/熄火极限的化学机制

经过标定后,我们可以得到等离子体尾流中稳定气体分子的摩尔分数,结果如表 5.1 所示。其中,N_2 和 O_2 加起来的占比约为 0.020,也就是采样气体的掺杂率,在后续计算中应予以去除。CH_4 的摩尔分数由不放电时的 0.148 分别降到 0.143 和 0.141,分解率为 2%~4%。测量得到的 H_2 摩尔分数在 6.5 kHz 和 25 kHz 放电时分别为 3.8×10^{-3} 和 5.6×10^{-3},与之相比,C_2H_6 和 C_2H_4 的摩尔分数小了约 1 个数量级。考虑到反应器中的气体停留时间较短(小于 1 s),加大停留时间后氢气产量有望提高。

表 5.1 等离子体尾流中气体分子摩尔分数 GC 测量值

放电条件	CH_4	H_2	C_2H_6	C_2H_4	O_2+N_2
不放电	0.148	≈0	≈0	≈0	0.020
6.5 kHz	0.143	3.8×10^{-3}	3.2×10^{-4}	1.6×10^{-4}	0.023
25 kHz	0.141	5.6×10^{-3}	5.8×10^{-4}	2.4×10^{-4}	0.024

由于实际气体组分中的主要物质是稀释气氩气,为了便于开展 H_2 对着火影响的理论分析,本节引入未稀释的 H_2 含量:

$$\theta = \frac{\chi_{H_2}}{\chi_{H_2}+\chi_{CH_4}} \tag{5-7}$$

其中,χ_{H_2} 和 χ_{CH_4} 分别表征 H_2 和 CH_4 的摩尔分数。对于 6.5 kHz 和 25 kHz 放电,表 5.1 中折算得到的 θ 分别是 2.7% 和 4.0%。

5.4 DBD 拓展着火极限的化学机制分析

等离子体助燃的数值建模是一个涉及多个时间尺度的复杂过程,特别是 DBD 等离子体丝状化严重,空间上也高度不均匀,目前对于大气压条件交流介质阻挡放电射流的模拟十分困难,更不用说与燃烧相结合。为了简化研究,本节中将等离子体对甲烷着火的作用分成两段,第一段是在下喷嘴出口之前的等离子体重整甲烷制氢阶段,不存在氧化反应;第二段是两个喷嘴之间的区域,此时氧气开始参与反应。为了便于描述,本节将两个阶段分别命名为重整阶段和氧化阶段。

5.4.1 等离子体重整甲烷的化学路径

等离子体催化下甲烷重整制氢是一项化工技术,为了提高产率,一般会倾向使用高温、低压、停留时间较长的反应器。本节为了与对冲火焰进行耦合及产生在线效果，CH_4/Ar 混合气在等离子体装置中的停留时间较短（小于 1 s），且环境温度较低（295～330 K），因此氢气的产率相对较低。然而，本节可以依照文献中对于甲烷重整制氢的相关研究（Sun et al.，2019），结合测量到的关键中间组分，分析本书中 DBD 作用下甲烷分解的化学路径。

表 5.2 展示了甲烷和氩气放电中初步的电子反应（数据源于 LXCat 数据库）。电子与氩原子和甲烷分子间，除发生大量的弹性碰撞外，具有一定能量阈值的电子碰撞后可形成离子（如 Ar^+、CH_4^+）和激发态物质（如 Ar^*、CH_4^*）。

表 5.2 氩气中放电的初步化学反应

序号	反应	类型	$\Delta\varepsilon/\mathrm{eV}$
R1.1	$e+Ar \longrightarrow e+Ar$	弹性	0
R1.2	$e+Ar \longrightarrow e+Ar^*$	激发	11.5
R1.3	$e+Ar \longrightarrow 2e+Ar^+$	电离	15.8
R1.4, R1.5	$e+CH_4 \longrightarrow CH_3+H^-$	吸附	0
R1.6	$e+CH_4 \longrightarrow e+CH_4$	弹性	0
R1.7	$e+CH_4 \longrightarrow e+CH_4(v24)$	振动激发	0.162
R1.8	$e+CH_4 \longrightarrow e+CH_4(v13)$	振动激发	0.361
R1.9～R1.12	$e+CH_4 \longrightarrow e+CH_4^*$	解离激发	9,10,11,12
R1.13	$e+CH_4 \longrightarrow 2e+CH_4^+$	电离	12.6
R1.14	$e+CH_4 \longrightarrow 2e+H+CH_3^+$	电离	14.3

上述反应的速率在等离子体中取决于当地的约化电场强度（E/N）。结合 LXCat 数据库提供的碰撞截面数据，我们可以通过求解玻耳兹曼（Boltzmann）方程得到电子能量的分布及反应速率。利用法国 Laplace 实验室 Gerjan Hagelaar 开发的 BOLSIG+ 软件求解均匀电场和弱电离气体中的玻耳兹曼方程：

$$\frac{\partial f}{\partial t}+\boldsymbol{V}\nabla f-\frac{e}{m_e}E\,\nabla_{\boldsymbol{V}}f=C[f] \tag{5-8}$$

其中，f 是电子的空间分布函数；$\boldsymbol{V}$ 是速度坐标；e 是电子电荷（1.602×10^{-19} C）；m_e 是电子质量（9.11×10^{-31} kg）；$\nabla_{\boldsymbol{V}}$ 是速度梯度算子；$C[f]$ 是碰撞造成的分布函数 f 的变化率。方程（5-8）的求解过程在文献（Hagelaar et al, 2005）中进行了详细描述。图 5.8 是求解得到的电子能量损失分布和反应速率的结果，这里只考虑了表 5.2 中列出的初步反应。CH_4 裂解后将生成自由基和小分子物质，从而引发更多的电子反应，但在本书中不足 5% 的 CH_4 发生了裂解，因此其他部分反应的占比较小。大气压(1 atm①)及常温(300 K)条件下的甲烷氩气击穿电场强度不超过 30 kV/cm，E/N 值不超过 150 Td。

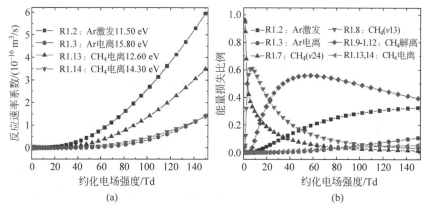

图 5.8　CH_4/Ar 放电的 BOLSIG+ 计算结果

计算中设定 CH_4/Ar 的物质的量的比为 0.15/0.85，参照实验工况。图 5.8(a)列举了 Ar 激发、电离及 CH_4 电离的反应速率，均在 10^{-16} m^3/s 量级。事实上，电子与 Ar 和 CH_4 的弹性碰撞，以及低阈值的 CH_4 振动激发反应速率更大，比图 5.8(a)中的反应高出 1~3 个数量级，这些反应的速率均随着 E/N 值增加而上升。图 5.8(b)展示的是能量损失随 E/N 值的变化，在 E/N 值较低时，能量主要转化为 CH_4 的振动激发，并且从 $CH_4(v24)$ 向 $CH_4(v13)$ 转移。当 E/N 值大于 30 Td 时，大部分能量转移到 CH_4 的解离反应，并且用于 Ar 激发的能量也逐渐增加，在 150 Td 时占比约 1/3。

表 5.3 梳理了进一步生成 CH、CH_2、CH_3 和 H 等重要自由基的反应，包括 Ar^* 淬灭和电荷交换等，反应速率从文献(Starikovskiy et al.，2013；Ju et al.，2015)中获取，其中电子与甲烷等离子的反应速率简化为温度的函数表达式。

表 5.3　甲烷参与氩气等离子体的进一步反应

条件	序号	反应	速率/(cm^3/s)
Ar^* 淬灭	R2.1	$Ar^* + CH_4 \longrightarrow Ar + CH_3 + H$	5.8×10^{-11}
	R2.2	$Ar^* + CH_4 \longrightarrow Ar + CH_2 + 2H$	3.3×10^{-10}
	R2.3	$Ar^* + CH_4 \longrightarrow Ar + CH + H + H_2$	5.8×10^{-11}
	R2.4	$Ar^* + CH_4 \longrightarrow Ar + CH_2 + H_2$	5.8×10^{-11}

①　1 atm=101.325 kPa。

续表

条件	序号	反应	速率/(cm^3/s)
电荷交换	R2.5	$Ar^+ + CH_4 \longrightarrow Ar + CH_3^+ + H$	1.1×10^{-9}
	R2.6	$Ar^+ + CH_4 \longrightarrow Ar + CH_2^+ + H_2$	2.3×10^{-10}
	R2.7	$e + CH_4^+ \longrightarrow CH_3 + H$	$1.7 \times 10^{-7}(300/T)^{0.5}$
	R2.8	$e + CH_4^+ \longrightarrow CH_2 + 2H$	$1.7 \times 10^{-7}(300/T)^{0.5}$
	R2.9	$e + CH_3^+ \longrightarrow CH_2 + H$	$3.5 \times 10^{-7}(300/T)^{0.5}$
	R2.10	$e + CH_2^+ \longrightarrow CH + H$	$2.5 \times 10^{-7}(300/T)^{0.5}$

根据文献(Majumdar,2005)报道,H_2 和更高阶碳氢分子的生成主要依从以下化学反应路径:

$$H + CH_4 \longrightarrow CH_3 + H_2 \tag{R2.11}$$

$$CH_4 \longrightarrow CH_2 + H_2 \tag{R2.12}$$

$$C_nH_m + CH_2 \longrightarrow C_{n+1}H_{m+2} \tag{R2.13}$$

其中,n 和 m 分别代表碳原子和氢原子的数量,本节采用气相色谱仅分辨出了碳原子数不超过 3 的小分子。而在 Majumdar 等(2005)的研究中,采用纳秒脉冲放电对 CH_4/Ar 混合气在 $250\sim300$ mbar① 的条件下进行重整,用质谱探测到了碳原子数高达 9 的分子,以及一些炭黑物质。本研究在经过一段时间放电后的石英管内侧也能发现少许炭黑,可能主要通过以下路径产生:

$$H + CH \longrightarrow C + H_2 \tag{R2.14}$$

以上内容刻画了 CH_4/Ar 等离子体中的初始反应,对于等离子体辅助 CH_4 裂解过程的完整求解可以进一步采用 Chemkin 等软件,结合更加详细的机理来完成(Sun et al.,2019)。但文献中用于对比的实验研究多利用低气压放电形成均匀的等离子体,考虑到本书中在大气压条件下的交流 DBD 放电非常不均匀,实际 E/N 值的时间和空间梯度极大,而反应速率等系数对 E/N 值十分敏感,因此未进一步拓展数值分析工作。

5.4.2 H_2 对甲烷着火的影响

等离子体裂解生成的 H 等自由基可能大部分在到达火焰区之前已淬灭,氢气作为稳定产物是改变甲烷扩散火焰可燃极限的重要中间物质。加入氢气将促进传质及减小刘易斯数(Le),对冲火焰的流场拉伸率为正值,小 Le 更有利于火焰稳定。Ju 和 Niioka(1995)与 Fotache 等(1997)的研究

---

① 1 bar=100 kPa。

表明,加入少量氢气将极大地改善甲烷的着火温度;熄火方面,Wang 等(2018)在研究甲烷合成气作为燃料的对冲扩散火焰时的实验和数值结果均表明,氢气的加入有助于提高熄灭拉伸极限。

本节采用 Kee 等发展的 OPPDIF 代码(Lutz et al.,1997)对氧化过程进行单独建模,模型边界限制在两个喷嘴中间的对冲火焰,等离子体的影响通过边界条件给定,本节主要研究氢气等稳定中间组分的影响,不考虑电子、Ar^* 和自由基等瞬态物质。OPPDIF 模块目前已经嵌入 Chemkin Pro 软件包中,主要控制方程如下:

$$H - 2\frac{d}{dx}\left(\frac{FG}{\rho}\right) + \frac{3G^2}{\rho} + \frac{d}{dx}\left[\mu\frac{d}{dx}\left(\frac{G}{\rho}\right)\right] = 0 \tag{5-9}$$

$$\rho u\frac{dT}{dx} - \frac{1}{c_p}\frac{d}{dx}\left(\lambda\frac{dT}{dx}\right) + \frac{\rho}{c_p}\sum_k c_{p,k}Y_k V_k \frac{dT}{dx} + \frac{1}{c_p}\sum_k h_k \dot{\omega}_k + \frac{1}{c_p}\dot{Q}_{rad} = 0 \tag{5-10}$$

$$\rho u\frac{dY_k}{dx} + \frac{d}{dx}(\rho Y_k V_k) - \dot{\omega}_k W_k = 0, \quad k = 1, 2, \cdots, 53 \tag{5-11}$$

其中,$F(x) = \frac{\rho u}{2}$;$H = \frac{1}{r}\frac{\partial p}{\partial r} = $ 常数;$G(x) = -\frac{\rho v}{r} = \frac{dF(x)}{dx}$;$x$、$r$ 分别是轴向和径向坐标;u、v 分别是轴向和径向速度;ρ 是密度;μ 是黏性系数;T 是温度;λ 是导热系数;c_p 是比热容;Y 是质量分数;V 是扩散速度;h 是焓;$\dot{\omega}$ 是反应速率;$\dot{Q}_{rad}$ 是辐射换热;W 是摩尔质量。该套方程组通过坐标变换将扩散火焰简化为一维;控制方程组再联立理想气体方程、物性参数及扩散速度等与温度的关系、化学机理等,可以实现方程组的封闭。

数值上,着火温度可通过 S 形曲线进行求解,Giovangigli 和 Smooke(1987)最初开发了弧长延拓方法(arc-length continuation method),实现了 S 形曲线的完整求解。Fotache 等(1997)使用逐渐逼近着火转捩点的方法计算了着火温度,并与 Nishioka 等(1996)使用火焰控制法(flame controlling method)的结果进行比较,发现对于扩散火焰着火温度计算的偏差在 1 K 以内。目前,弧长延拓方法已经被整合到 Chemkin Pro 的 OPPDIF 模块中。

数值计算过程仿照实验,先计算一个 $T_O = 900$ K 的算例,用这个算例的火焰结构计算结果作为下一个更高 T_O 算例的初始值,得到的结果再作为新算例的初始值,直到着火的发生;T_O 每次提高一定温度,在接近着火点时进行加密。如图 5.8 所示,在着火之前,滞止面附近温度(T_f)近似线性地缓慢增加,其数值与 T_O 接近,在着火发生时突然迅速上升到 2400~2500 K。

氢气的影响主要通过改变燃料侧入口组分边界条件实现,图 5.9 展示了不同氢气加入条件下的数值结果,同时引入实验结果进行比较。在没有额外氢气加入时($\theta=0$),数值着火温度约为 1144 K,比实验值 1180 K 略低。模拟中额外加入了一个 $T_F=330$ K 的算例,着火温度依然在 1144 K 附近,证实了等离子体通过热效应提高燃料侧入口温度对于着火的影响微乎其微。对于表 5.1 中测量得到的 H_2 浓度,$\theta=2.7\%$ 和 $\theta=4.0\%$ 分别对应 6.5 kHz 和 25 kHz 等离子体产生的 H_2 浓度,注意这里采用的是不计入氩气的浓度。在 $\theta=2.7\%$ 时,着火温度降到 1093 K,而当 $\theta=4.0\%$ 时,着火温度降到 1085 K,这两个温度比等离子体促进着火的实验值高出近 80 K。从数值结果来看,微量 H_2 的加入使着火温度降低了 50~60 K,贡献了等离子体降低着火温度实验结果(150~180 K)的 $\frac{1}{3}$ 左右。

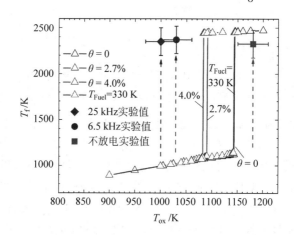

图 5.9　对冲扩散火焰着火的数值和实验结果

为了进一步揭示 H_2 在着火过程中发挥的作用,本书选取了 $\theta=4.0\%$ 和 $T_O=1084$ K 时的算例,注意到,该工况下的着火温度为 1085 K,这个算例恰好表征着火发生前的一刻,计算结果如图 5.10 所示。

图 5.10(a)展示的是此时的火焰结构,包含温度和关键组分分布,横坐标是归一化的坐标。$z^*=0.2$ 到 $z^*=0.64$ 这一段是核心反应区,氢气被快速消耗,由于导热和对流,温度从 300 K 左右上升到 1080 K。图 5.10(b)选

择了 $z^*=0.3$ 这个点，开展了 H_2 的化学路径分析，图中的箭头宽度表征组分通量的大小，结果显示，氢气在这一阶段主要生成了 CH_3OH 和 H_2O，这一点也可以被图 5.10(a) 中的组分分布所验证。

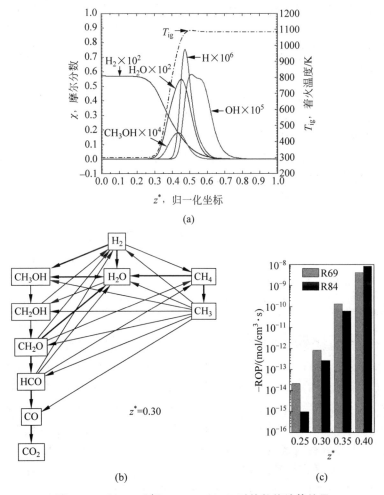

图 5.10　$\theta=4.0\%$ 和 $T_{ox}=1084$ K 时的数值计算结果

(a) 温度及关键组分分布；(b) 在 $z^*=0.3$ 位置处 H_2 衍变的关键路径；
(c) 反应 R69 和 R84 所致的 H_2 负生成率(ROP)

进一步地，图 5.10(c) 展示了 GRI-Mech 3.0 机理中反应 R69 和 R84（此处采用机理中的序号）所致的 H_2 负生成率(ROP)。

$$CH_3OH + H \longleftrightarrow H_2 + CH_3O \quad \text{(R69)}$$

$$OH + H_2 \longleftrightarrow H_2O + H \quad \text{(R84)}$$

结果显示,氢气的消耗主要是通过R69的逆反应和R84的正反应进行的,这两个反应在体系中均生成了更多的H自由基。然而图5.9(a)表明,一方面,在$z^*=0.25$到$z^*=0.4$这一段的H自由基含量很低,意味着H原子很快参与到了链式反应中。另一方面,甲烷反应的初始过程将生成大量甲基,而甲基经以下反应消耗:

$$CH_3 + HO_2 \longleftrightarrow OH + CH_3O \quad \text{(R119)}$$

$$CH_3 + CH_3(+M) \longleftrightarrow C_2H_6(+M) \quad \text{(R158)}$$

其中,甲基复合生成乙烷的反应是链终止反应,减少了自由基的含量,因此甲烷的着火温度在C_1-C_4直链烷烃中最高。在甲烷燃料中添加H_2能够有效地提升H自由基的含量,因此对着火的改善意义很显著。

5.5 本章小结

本章主要研究了DBD等离子体的化学效应,具体体现为对甲烷对冲扩散火焰的裂解重整和着熄火的影响,采用GC和PLIF测量了关键中间产物,并且结合简单的数值模拟对化学动力学过程进行了分析。具体结论如下。

(1) 同轴射流DBD可使甲烷扩散火焰的强迫着火温度降低150~180 K,使贫燃极限拓宽近20%。研究发现,高频率交流放电的助燃效果更好。

(2) 研究表明,DBD等离子体的化学效应主要通过两条途径体现:一方面,GC离线测量显示2.7%~4%的甲烷经等离子体重整生成了H_2等物质,而H_2对于着火具有显著的促进意义,在重整阶段亦会生成H等自由基,但大部分在输运到氧化区之前会淬灭;另一方面,CH PLIF结合数码相机图片表明等离子射流对甲烷/氧气混合物具有在线作用的效果。

(3) H_2的加入对甲烷扩散火焰的着火和熄火均具有显著的促进效果,是等离子体强化着火的重要中间组分。Chemkin数值模拟表明,在着火前,H_2主要转化成CH_3O和H_2O。我们有希望通过延长等离子体作用区域的停留时间来提高H_2产率,从而进一步增强对甲烷火焰可燃极限的拓宽效果。

第 6 章　等离子体对于复杂火焰的调控机理研究

6.1　本章引言

前 5 章基于甲烷层流火焰探索了等离子体对燃烧的不同调控路径,本章主要针对大分子燃料裂解、点火和高雷诺数气相旋流燃烧等面向真实发动机的复杂工况,研究等离子体助燃效果。6.2 节仍采用第 4 章使用的对冲燃烧器和 DBD 等离子体发生器,研究 DBD 对正庚烷、异辛烷和正癸烷三种饱和烷烃燃料裂解和着火的影响,并采用化学爆炸模式分析影响着火过程的关键变量。6.3 节采用放电功率更高的交流滑动弧作为等离子体源,研究滑动弧对于高雷诺数旋流燃烧可燃极限和稳燃极限的拓展作用,并用光学诊断记录等离子体和火焰的作用过程。

6.2　等离子体对预蒸发 C_7—C_{10} 饱和烷烃燃料着火的影响

本节的研究对象是正庚烷、异辛烷和正癸烷三种饱和烷烃,分别可以用作柴油、汽油和航空煤油的模型化合物。等离子体对于液态或者大分子燃料的作用通常可以分为裂解和氧化两部分。裂解方面,等离子体放电是一种常用的燃料重整技术,例如,Reddy 和 Cha(2016)采用 DBD 调控正庚烷/水蒸气混合气的裂解,并且比较了不同放电参数和稀释气体下的产物分布。而对于氧化效应,目前的研究多将关注点放在低温氧化路径上。例如,北京交通大学 Mao 等(2019)研究了纳秒脉冲放电对 C_5H_{12} 低温(小于 650 K)氧化的影响;普林斯顿 Nagaraja 等(2015)和 Rousso 等(2017)研究了纳秒脉冲放电对正庚烷在低温低压(小于 0.1 atm)条件下氧化和着火特性的调控作用。目前相关研究已经发展了结合 ZDPlasKin 和 Chemkin 软件包的开源模拟程序,形成了纳秒脉冲放电作用下 nC_5H_{12} 和 nC_7H_{16} 等低温氧化的机理和动力学路径。

与之相对的是,目前关于等离子体助燃对大分子燃料高温氧化促进作用的研究是比较少的,而先进发动机设备的燃烧室内停留时间很短,因此亟须加强等离子技术在大流场拉伸条件下促进大分子燃料高温氧化和着火的研究。实际发动机中,液体燃料的燃烧通常分为雾化、液滴蒸发和燃烧等阶段。Billingsley 等(2005)研究报道了等离子体炬可以充当雾化点火器来实现超音速燃烧中液体燃料的迅速雾化、相变和点燃。空军工程大学的 Lin 等(2019)研究了滑动弧等离子体对于航空煤油雾化燃烧的影响,发现滑动弧通过裂解煤油形成 H_2 等小分子可以大幅提高可燃极限。然而在这个体系中,滑动弧与液体燃料和湍流燃烧等高度耦合,具体的作用路径还有待挖掘,因此,本节仍将采用对冲平焰系统,将等离子体对于液态燃料的裂解和氧化作用在空间上分离,研究它对不同燃料的调控机理。

6.2.1 等离子体促进燃料裂解和着火的实验分析

实验研究采用如图 2.12 所示的对冲平焰燃烧器,具体细节不再赘述,图 6.1(a)展示了燃烧器的结构简图,不同的是本节的燃烧器采用了液体燃

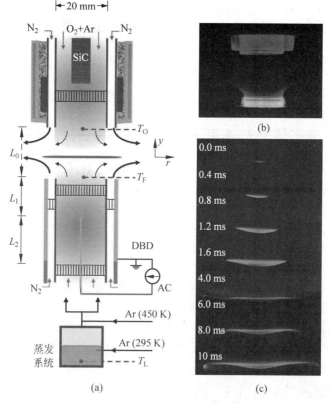

图 6.1 对冲扩散燃烧器、电极布置和液体燃料给料系统简图(a),预热和等离子体开启时喷嘴照片(b),以及等离子体开启时强迫着火过程中的瞬态图像(c)

料的给料系统。液体燃料被放置于烧瓶中,使用带温控系统的加热器加热,温度精度为 1 K,当供给正庚烷时,液体燃料温度(T_L)控制在 348 K。假设烧瓶内处于气液动态平衡,使用一路氩气通入液体中,携带出一部分饱和蒸汽在烧瓶口迅速被另一路约 450 K 的氩气稀释,整个气路均使用伴热带包覆以减少热损失,下喷嘴出口的气体温度约 370 K。经核算,此时 3 种燃料都不会冷凝。

燃料的供给速率首先可以根据气体流速和饱和蒸气压估计,饱和蒸气压采用 Clausius-Clapeyron 方程估算;实际供给量采用称重法,即在固定液体温度和气流流速条件下,系统运行一段时间前后进行称重和差减,多次测量后取平均值,测量结果的波动在 5% 以内。

本节的实验工况设定如下:对于 3 种燃料,下喷嘴出口的燃料质量分数(Y_F)均为 0.125,上喷嘴中氧气质量分数为 0.54,燃料氧化剂配比为 1。不放电情形下,燃料侧出口温度(T_F)通过调节第二路稀释氩气温度控制在 (370±5) K。与第 3 章和第 5 章一样,同轴射流等离子体发生装置与下喷嘴耦合,由高频交流电源驱动。燃料气在等离子体发生装置内均保持气态,等离子体对于燃料反应的作用可以简单分为裂解和氧化两部分,以燃料喷嘴出口为界,假设此处的氧浓度为 0。在裂解阶段,下喷嘴可以视作一个柱塞流反应器,停留时间约为 1 s,入口温度约为 400 K,出口温度在等离子体作用下为 (385±5) K,比等离子体关闭时的温度提高了约 15 K。由于管道存在热损失,出口温度反而比进口温度下降了。

实验中采用气相色谱测量产生的稳态组分,图 6.2 展示了 3 种燃料经

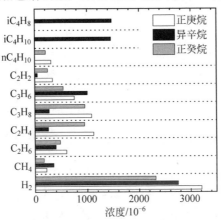

图 6.2 3 种燃料经等离子体裂解后的气相色谱测量结果

等离子体裂解后的测量结果,包括 H_2、CH_4、C_2H_2、C_2H_4、C_2H_6、C_3H_6、C_3H_8 和 C_4 类烃。实验中使用标准气进行标定,标准气的载气为 Ar,成分包括 5.013×10^{-3} 的 H_2,4.145×10^{-3} 的 C_2H_4,5.07×10^{-3} 的 C_3H_8 和 4.956×10^{-3} 的 iso-C_4H_{10};未能直接标定的气体采用有效碳数法则进行计算(许国旺,2016),重复性试验的误差约为 10%。

3 种燃料裂解产生的主要成分均是 H_2,含量分别约为 2.3×10^{-3}、2.95×10^{-3} 和 3.2×10^{-3}。对于其他小分子燃料,nC_7H_{16} 和 $nC_{10}H_{22}$ 都是直链烷烃,产物比较相似,含量较多的有 C_2H_4 和 C_3H_8。异辛烷(iC_8H_{18})存在支链,因此产物中含量比较多的是异丁烷(iC_4H_{10})和异丁烯(iC_4H_8)。3 种燃料在来流中的质量分数均是 0.125,对应的摩尔分数分别是 0.054、0.048 和 0.039,而生成的小分子燃料组分浓度在 10^{-3} 量级,因此有 2%~3% 的烷烃发生裂解。由于大分子燃料裂解效率与温度紧密相关,因此若适当提高温度,裂解效率会大幅提升。等离子裂解过程中,主要是高能电子和激发态氩原子 Ar^* 发挥作用,导致 C—C 和 C—H 键的断裂。由于大分子燃料在等离子作用下的反应动力学十分复杂,本节以 nC_7H_{16} 为例,根据产物反推可能的反应路径(Song et al.,2019),结果如图 6.3 所示。

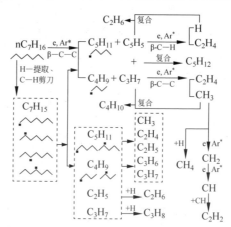

图 6.3 nC_7H_{16} 在等离子体作用下的裂解路径

一方面,nC_7H_{16} 通过氢提取反应生成 C_7H_{15}:

$$Ar^* + nC_7H_{16} \longrightarrow Ar + H + C_7H_{15} \tag{6-1}$$

根据 H 原子提取位置的不同,C_7H_{15} 具有多个同分异构体,在电子和 Ar^* 的激励作用下进一步通过 β 剪刀原则生成小分子烃类。另一方面,

nC_7H_{16} 在等离子体作用下断裂 C—C 键生成 C_5H_{11} 等游离基团,这些基团之间或者与氢原子复合形成烷烃类物质,或进一步依循 β 剪刀原则发生 C—C 键断裂生成烯烃类物质。实验中测量得到的乙炔主要通过甲基多次脱氢生成 CH,再由 CH 基复合而成。

注意到,实验中等离子体辅助裂解得到的产物与常规热解的产物具有相似性。Yuan 等(2011)用同步辐射真空紫外光电离质谱(SVUV-PIMS)测量了 nC_7H_{16}/Ar 混合气在 400 Pa 低压和 800~1780 K 高温环境中的热解产物,其主要成分与本书用气相色谱测量得到的组分一致。不同的是,该研究中直到温度上升到 1080 K 才能探测到 H_2,到 1180 K 探测到 CH_4,到 1380 K 探测到 C_2H_2,而本书中的等离子体辅助裂解在大气压条件下进行,温度不超过 400 K。做一个粗略的能量消耗计算,在本书使用的流量下,将 nC_7H_{16}/Ar 混合气预热到 1080 K 需要 3 kW 的加热功率,这比等离子体的电功率(30 W)高出近 100 倍。因此可以认为,等离子体在大分子燃料裂解和重整时具有很好的能量效益。

接着第 5 章的分析,裂解的小分子产物,特别是氢气对于燃料着火具有促进作用,本节第二部分主要讨论着火实验。除了前端裂解作用外,图 6.1(b)显示了等离子体在 nC_7H_{16}/Ar 射流出口仍能延续作用一段距离,特别是 Ar^* 具有较长的寿命。本章对两个喷嘴之间的区域开展了 OH 基 PLIF 测量,实验采用的光路和设备在 2.3.1 节进行了描述。简言之,Nd:YAG 激光器产生 532 nm 的激光,泵浦染料激光器产生 283 nm 的信号,进而被展成厚度约为 0.5 mm 的片光来激发 OH 自由基产生 307 nm 附近的荧光,荧光信号通过(307±10)nm 的带通滤光片后被 ICCD 相机采集。

图 6.4 展示的是下喷嘴 nC_7H_{16}/Ar 及上喷嘴 O_2/Ar 气氛下 OH-PLIF 的测量结果,4 个子图根据着火和等离子体条件进行区分,其中图 6.4(a)和图 6.4(b)对应着火之前,图 6.4(c)和图 6.4(d)对应着火之后;图 6.4(a)和图 6.4(c)对应等离子体关闭,图 6.4(b)和图 6.4(d)对应 25 kHz 等离子体开启。图 6.4(a)和图 6.4(b)对应 $T_O=1000$ K 和 $\kappa \approx 150 \text{ s}^{-1}$ 的情形,此时还未发生着火,在等离子体关闭时,图 6.4(a)中几乎观察不到 OH 荧光信号;而等离子体开启后,图 6.4(b)中观测到了明显的 OH 荧光信号,表明此时已经开始发生了氧化反应,等离子体具有促进初始阶段反应的作用,但产生的热量和自由基仍然达不到自维持,因此还未实现着火。

图 6.4(c)和图 6.4(d)是实现着火之后再将 T_O 降到 1000 K 时的测量结果,此时 OH 荧光信号强烈,且等离子体开启前后变化不大,仅存在较小

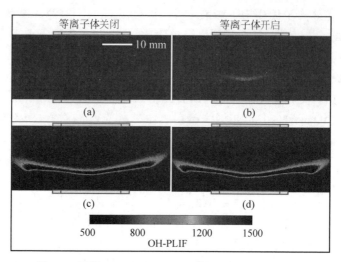

图 6.4　不同工况下 OH-PLIF 测量结果（见文前彩图）
(a) 着火前；(b) 着火前；(c) 着火后；(d) 着火后

的随机误差,说明非平衡等离子体主要在极限条件下对火焰的调控效果较好,而在稳定燃烧时作用有限。

燃料在不同拉伸率和等离子体条件下的着火实验依照 5.2 节的步骤进行,即逐渐提高氧气侧温度直到着火发生。测试的拉伸范围为 $125\sim325\ \text{s}^{-1}$,未考虑低温氧化和负温度系数(negative temperature coefficient,NTC)效应。Law 和 Zhao(2012)及 Deng 等(2014)在研究对冲扩散火焰中的 NTC 效应时发现,大气压条件下,NTC 主要存在于拉伸率不超过 $100\ \text{s}^{-1}$、氧气侧温度在 $600\sim800\ \text{K}$ 时。

图 6.5 展示了强迫着火实验的结果,拉伸率主要通过调节喷嘴间距得到控制,根据式(2-1),按照 $T_\text{O}=1150\ \text{K}$ 的基准设计成四组：$150\ \text{s}^{-1}$、$200\ \text{s}^{-1}$、$250\ \text{s}^{-1}$、$300\ \text{s}^{-1}$。图 6.5 中根据实际着火温度 $T_\text{ig}(T_\text{O})$ 计算拉伸率。首先,在相近的拉伸率和放电条件下,3 种燃料的着火温度随含碳数增加而略有上升,例如,在 $150\ \text{s}^{-1}$ 附近且等离子体关闭时,正庚烷、异辛烷和正癸烷的强迫着火温度分别为 1112 K、1139 K 和 1199 K；其次,在同样的燃料和等离子体条件下,提高拉伸率会减少停留时间,需要更快速的反应才能达到着火临界点,从而加大了着火温度；再次,等离子体表现了良好的促进着火的效果,对于给定的燃料和拉伸率范围,6.5 kHz 和 25 kHz 等离子体分别能够降低着火温度达 $30\sim60\ \text{K}$ 和 $60\sim90\ \text{K}$。除图 6.5 所示的实验结果外,

本书通过单独提高燃料侧温度测试热效应,在实验中将 T_F 提升至 390 K 时,着火温度变化不明显,这就排除了等离子体热效应对结果的影响。

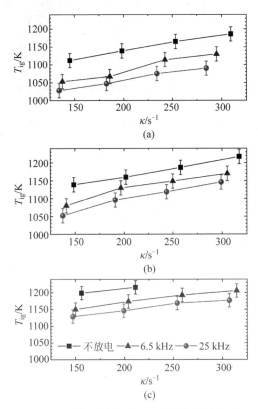

图 6.5 不同拉伸率(κ)和等离子体条件下 3 种燃料着火温度(T_{ig})的实验结果
(a) 正庚烷;(b) 异辛烷;(c) 正癸烷

6.2.2 大分子燃料着火化学机理分析

本节主要研究裂解后生成的小分子燃料对 3 种预蒸发的液体大分子燃料着火的影响。首先通过实验进行初步探究,将 6.2.1 节中用于气相色谱标定的标准气与燃料气进行混合,经折算相当于在燃料气中加入了约 2×10^{-3} 的 H_2、C_3H_8 和 iC_4H_{10} 及约 1.66×10^{-3} 的 C_2H_4,其他条件均保持不变。图 6.6 展示了 3 组实验结果,在 150 s^{-1} 附近,3 种燃料的着火温度下降了 30~50 K。虽然对应的小分子气体浓度与图 6.2 中气相色谱的结果不完全一致,但是此实验验证了小分子气体的加入确实能够降低大分子液体燃料在特定拉伸率下的着火温度。

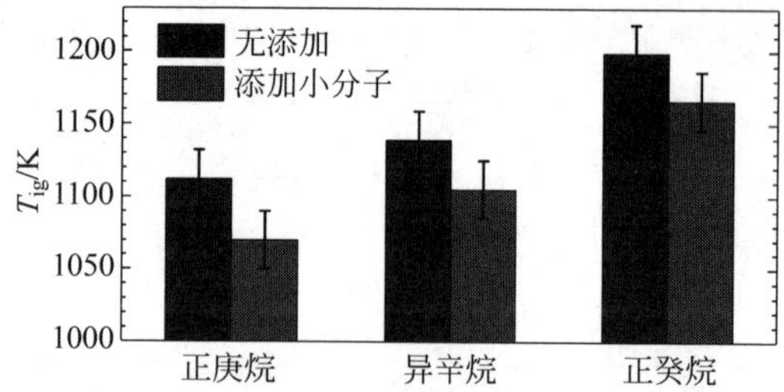

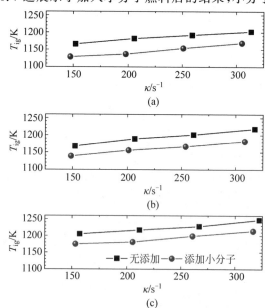

图 6.6　添加小分子燃料后 3 种燃料的着火温度实验值（$\kappa \approx 150\ \mathrm{s}^{-1}$）

接下来，本节基于 5.3 节中介绍的 OPPDIF 模块对 3 种燃料在对冲扩散燃烧器中的着火进行数值模拟分析。正庚烷、异辛烷和正癸烷燃烧所采用的机理分别由 Seiser 等（2000）、Pepiot-Desjardins 和 Pitsch（2008）及 Zeng 等（2014）开发。着火的数值模拟过程与 5.3 节中的一致，均是固定燃料侧温度 T_F，逐渐提升氧化气侧温度 T_O，直至温度发生跃变，即发生着火，定义临界的 T_O 为着火温度 T_ig。图 6.7 展示了数值模拟的结果，首先，在没有等离子体作用时，对比图 6.7 的数值结果和图 6.5 的实验结果，可以发现 40～70 K 的偏差，但是着火温度随着碳原子数和拉伸率的变化是一致的。此外，图 6.7 还展示了加入小分子燃料后的结果，小分子的种类和浓度

图 6.7　3 种燃料着火温度数值模拟结果

(a) 正庚烷；(b) 异辛烷；(c) 正癸烷

参照图6.2中25 kHz等离子体裂解后的结果,数值模拟结果表明,小分子的加入可以降低着火温度30~50 K,与实验规律相符。

从 C. K. Law 和 F. N. Egolfopoulos 等课题组基于烷烃类燃料对冲扩散火焰着火的系列经典性工作来看(例如,Blouch et al.,2000; Liu et al.,2012),着火主要取决于燃料结构或生成自由基的活性、分子的扩散性、有限快的化学反应速率及它与中间产物输运的耦合。其中,甲烷由于在生成大量的 CH_3 后会引发自由基终止反应而具有较高的着火温度,相比而言,乙烷在 C_1—C_{12} 直链烷烃中最容易着火; 在 C_2—C_4 区间随着碳分子数的增加,烷烃的扩散系数减小,着火难度逐渐加大,而在 C_4—C_7 之间随着化学机理变复杂,着火温度在实验误差范围内难以观测到明显差异; 在 C_7 及以后,随着燃料的负温度系数效应增强等因素,着火规律和相关的化学动力学变得更加复杂。此外,对于异辛烷这类支链烷烃,裂解产生的 iC_4H_7 消耗 H 自由基生成 iC_4H_8,消耗 HO_2 生成 iC_4H_7O,着火温度会明显高于正庚烷(Liu et al.,2013)。本书中,等离子体裂解产生的 H_2 和 C_2H_4 等小分子燃料具有很大的扩散系数、化学活性和可燃区间,很小的增量便能够显著地改善大分子燃料的着火特性。北京大学 Li 等(2019)的研究表明,H_2 促进异辛烷着火的关键在于氢气的高扩散性增大了原始火核位置的 H_2 含量,其扩散效应与化学效应的耦合减小了着火延迟时间。

为了进一步探索小分子和自由基等对着火的影响,本书开展了化学爆炸模式分析(chemical explosion mode analysis,CEMA)。CEMA 最初由 Lu 等(2012)发展,具体的推导过程可以在一些相关文献(Lu et al.,2012; Wu et al.,2019)中找到。简单来说,CEMA 是一种基于化学反应源项雅可比矩阵的系统分析方法,本节中的化学爆炸模态(CEM)主要从 OPPDIF 模块中离散的组分和能量方程中推导出来,雅可比矩阵的特征值可以定义为 $\lambda_e = \boldsymbol{b}_e \cdot \boldsymbol{J}_\omega \cdot \boldsymbol{a}_e$,其中,$\boldsymbol{a}_e$ 和 $\boldsymbol{b}_e$ 分别是右特征向量和左特征向量。CEM 指的是 λ_e 的实部为正的状态,也就是 $\mathrm{Re}(\lambda_e) > 0$。一般来说,在碳氢燃料着火反应之前,由于自维持的加速反应,我们可以发现几个 CEM。通常可以引入化学爆炸因子(EI)来刻画各变量对 CEM 的归一化影响:

$$\mathrm{EI} = \frac{|\mathrm{diag}(\boldsymbol{a}_e \boldsymbol{b}_e)|}{\mathrm{sum}\,|\mathrm{diag}(\boldsymbol{a}_e \boldsymbol{b}_e)|} \tag{6-2}$$

其中,diag()返回的是矩阵的对角元素。

图6.8展示了拉伸率约为 $150\,\mathrm{s}^{-1}$ 时正庚烷着火前的 CEMA 结果,此时 $T_O = 1150\,\mathrm{K}$,没有等离子体或者小分子燃料的影响。图6.8(a)中展示

了温度分布曲线,颜色代表 $sign(Re(\lambda_e))lg(1+|Re(\lambda_e)|)$ 值,可以发现,两段 CEM 比较强的区域,分别在 8.0~9.2 mm 和 10.8~13.0 mm;而在 9.4~10.4 mm 处出现了负值的 CEM。

图 6.8(b)展示了 EI 的分布,在不存在显著 CEM 的区域,EI 值均设定为 0。结果显示,在第一个正的 CEM 区域,温度及 C_2H_4 的 EI 值比较大;而在第二个强 CEM 区域,H_2、O 和 OH 的 EI 值较大。该结果与文献中的报道是一致的,Davidson 等(2011)的研究发现,大分子燃料在最初几十毫秒内会裂解成小分子物质,其中 C_2H_4 对后续的释热反应有重要影响。

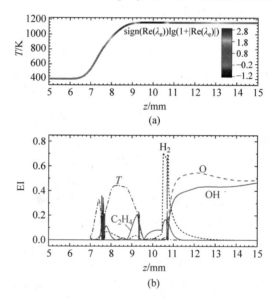

图 6.8 正庚烷着火前温度及 $sign(Re(\lambda_e))lg10(1+|Re(\lambda_e)|)$
值分布(a)和不同变量对应的爆炸因子(b)(见文前彩图)

其中 $z=0$ mm 和 $z=20$ mm 分别表示燃料和氧化气出口位置

进一步讨论等离子体所发挥的作用,首先,一方面,CEMA 验证了裂解生成的 C_2H_4 和 H_2 等小分子物质对着火前的反应有强烈的促进作用;此外,等离子体同样可以调控 C_2H_4 等物质的进一步反应路径,例如,Tsolas 等(2017a,2017b)、Lefkowitz 等(2015)和 Yang 等(2016)对等离子体辅助下的 C_2H_4 热解和氧化反应进行了详细的实验和数值模拟研究。另一方面,除了小分子燃料外,图 6.4 的测量结果表明,等离子体中的 Ar^* 等活性物质输运到了核心反应区,结合反应(6-1)生成的 H 自由基,在扩散层内与

O_2 或含氧基团发生反应生成 O 和 OH：

$$Ar^* + O_2 \longrightarrow Ar + 2O \tag{6-3}$$

$$nC_7H_{16} + O \longrightarrow C_7H_{15} + OH \tag{6-4}$$

$$CH_2O + O \longrightarrow HCO + OH \tag{6-5}$$

$$H + O_2 \longrightarrow O + OH \tag{6-6}$$

图 6.9 描述了正庚烷着火前(图 6.8 相同的算例)，H、OH 和 O 自由基转化和反应的路径，图中还加上了等离子体促进 H、O 自由基生成的过程。约 44% 的 H 自由基、30% 的 O 自由基与 nC_7H_{16} 发生氢提取反应生成 H_2 和 OH。50% 的 O 自由基与 C_2H_4 和 C_3H_6 等反应生成 HCO，而 HCO 将进一步生成 CO 及 CO_2，释放大量的热以促使反应的加速进行。

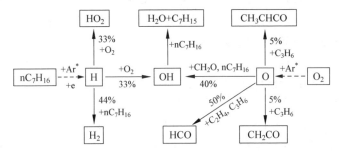

图 6.9　正庚烷着火前的 H、O 和 OH 自由基的主要反应路径分析

图 6.8 和图 6.9 表明，着火实验或许对 O 原子更加敏感，且很多文献支持这一结论，例如，Yang 等(2017)综述了 O、$O_2(a^1\Delta_g)$ 等寿命相对较长的活性物质对于低温和高温下的氧化及着火均具有重要意义。然而，本书在前期探索中发现，浓氧环境中的电极在交流电作用下十分容易烧损，因此本书未对此进行更深入的探索。

6.3　滑动弧等离子体对高雷诺数旋流火焰的稳定作用

前几章的研究结果表明，非平衡等离子体包括介质阻挡放电和纳秒脉冲放电，对于层流火焰均具有较好的调控效果。然而在提高参数时，例如，高雷诺数、高流场拉伸率或者火焰温度较高(火焰稳定燃烧)时，非平衡等离子体的作用比较有限。本书旨在将等离子体应用于高参数的湍流燃烧，因此选取了旋流预混火焰作为本节的研究对象。

旋流预混火焰存在的主要挑战是贫燃条件下的燃烧不稳定性问题，包括容易熄火及通过壁面反馈造成热声振荡。Cui 等(2019)在总结 Culick (2016)研究燃烧不稳定性的工作时提出,发动机燃烧室的不稳定性可以分为入口来流脉动造成的低频不稳定性、燃烧室内燃料混合不均匀导致的中频不稳定性,以及通过燃烧室壁面压力反馈导致的高频热声不稳定性。目前对于高频不稳定性的研究比较充分,而对入口来流脉动引起的低频不稳定性的认识不足。Cui 等(2019)的研究表明,入口空气侧来流的低频脉冲扰动将造成严重的不稳定燃烧现象,而采用一定频率的低频微秒脉冲放电对旋流火焰能产生重要的调控作用;但调控效果可能是提高火焰的稳定性,也可能产生破坏作用从而加速熄火,主要取决于微秒脉冲放电和脉冲式扰动的相位关系。该项工作的结论表明,实现稳燃的关键在于等离子体对火焰的"重点燃"效应,并且提高放电频率能够在一定程度上提升助燃效果和克服恶化作用。因此,如果设计的等离子体具有值班火焰的效果,就能产生拓宽旋流火焰贫燃极限的效果。

基于上述背景,本节将高频交流电驱动的滑动弧作为调控旋流燃烧的等离子体,利用滑动弧较强的热效应和化学效应对来流进行持续性点火,滑动弧的电极设计在 2.1.3 节进行了描述。图 6.10 展示了电极及火焰结构简图,并绘制了空气中滑动弧放电的电压电流曲线。交流电的电压理论峰值是 8 kV(峰峰值16 kV),实际击穿电压在 2~8 kV 波动,每个周期一般击穿一次。击穿瞬间的电压幅值迅速下降,电流呈现脉冲式变化,瞬态电流峰值可达到 20 A。击穿可能发生在正半周期或者负半周期,并且这种选择具有一定的历史惯性,在持续数个脉冲后发生一次反转。在同一侧的半个周期放电时,击穿电压幅值呈现逐渐上升的趋势,直到达到峰值发生转换。

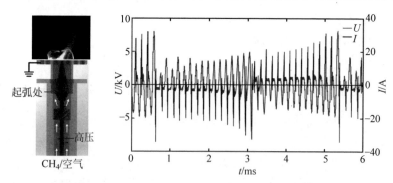

图 6.10　旋转滑动弧结构及其在空气中放电的典型电压电流曲线(见文前彩图)

6.3.1 开放空间下的调控效果

图 6.11 左侧的示意图展示了燃烧器和电极的部分结构,以及开放空间中旋流火焰的流场分布。旋转的流体在喷嘴外的空间突然扩张时发生旋涡破裂和流体分层,形成内回流区(internal recirculation zone, IRZ)和外回流区(outer recirculation zone, ORZ)。在开放空间中,外回流区强度较弱。在合适的当量比条件下,旋流火焰稳定在内、外回流区的交界剪切层,即图中的①区域;火焰产生的高温气体通过回流循环,在出口附近与未燃的气体混合,从而促进火焰的稳定持续燃烧。而降低当量比之后,火焰张角减小并驻定在内回流区涡破碎的部位,燃烧变得不稳定,容易发生熄火。

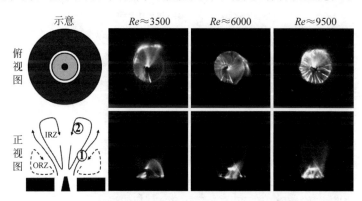

图 6.11 不同雷诺数条件下滑动弧与旋流火焰的俯视图和正视图

图 6.11 展示了滑动弧与旋流火焰同时存在时的俯视图和正视图,选取的雷诺数分别是 3500、6000 和 9500,对应的当量比(φ)在 0.7 左右,此时的工况比较接近熄火,均是没有等离子体作用时火焰无法单独存在的情形。更准确地说,等离子体和火焰此时处于一种互相耦合的状态,在没有火焰的条件下,尽管滑动弧依然能够重复实现起弧-拉弧-断裂的过程,然而在燃烧环境中,火焰中的化学反应能够提供少量的初始电子、离子,同时高温环境的气体分子密度比较小从而降低了击穿阈值,这些因素均有利于等离子体的形成。

图 6.12 比较了不同雷诺数条件下的可燃极限,实验中通过增大空气流量来得到不同的雷诺数。在固定空气流量时,逐渐降低甲烷的流量到火焰彻底熄灭,记录此时的甲烷流量和空气流量,计算得到临界的当量比为可燃极限。本书使用的雷诺数范围在 2000~12 000,对应最大空气流量约为 200 L/min,已

经达到实验室压缩空气和管路目前允许的最大流量。结果显示,在该雷诺数范围内的同等放电条件下,旋流火焰的可燃极限随雷诺数的变化不大。在没有放电时,可燃极限在 0.75～0.85,随着雷诺数增大有轻微上升。在使用 6.5 kHz 的滑动弧放电时,可燃极限在 0.55～0.63,拓宽了大约 25%,且滑动弧的随机性导致测量误差增大。需说明的是,锥形电极作为中心钝体可能对熄火极限造成影响,在使用同样 45°旋片但采用直柱式钝体的实验中(Cui et al.,2019),当雷诺数较小时,熄火极限随着流速增加而增大;当雷诺数约为 2000 时,熄火极限也在 0.75～0.85,与本书的结果一致。

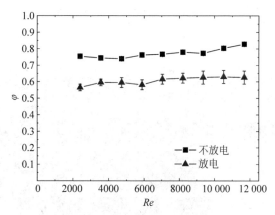

图 6.12　不同雷诺数和放电条件下的旋流火焰可燃极限

图 6.13 展示了雷诺数为 6000 时,不同当量比和放电情形下的 OH-PLIF 平均和瞬态图像。OH-PLIF 的测量方法在 6.2 节中做了介绍,激光频率为 5 Hz,本实验采用内触发,每个工况连续拍摄 20 张。图 6.13 中的平均图像是对 20 张连续图片进行平均的结果,瞬态图像对于非稳态的火焰具有一定随机性。

图 6.13 中选取的当量比分别是 0.8 和 0.9,其中 0.8 在不放电时接近贫燃极限,不放电和放电情形下的 OH-PLIF 的强度区别较小。在当量比为 0.9 时,等离子体开启后,OH 的平均信号强度甚至变弱。然而,无论是当量比 0.8 还是 0.9,开启滑动弧放电将扩大 OH 表征的火焰张角约 8°。经过对比测试发现,在将交变电压提高到 4 kV 左右且不发生击穿的条件下,我们能观测到相似的火焰张角增大的现象,说明该过程主要是电场和火焰直接作用的结果。通常来说,内回流区张角的扩大有助于旋流火焰在靠近内外剪切层的位置驻定,从而对火焰的稳定性产生影响。

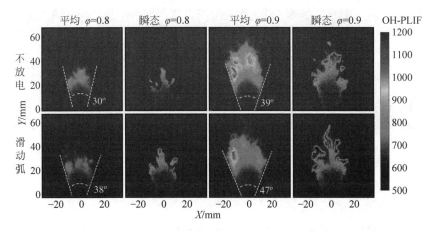

图 6.13 开放空间不同当量比和放电情形下的 OH-PLIF 图像（见文前彩图）
$Re=6000$

6.3.2 受限空间下的调控效果

发动机内的燃烧在空间上受到燃烧室的限制，壁面对火焰的回流区分布和压力脉动将产生重大影响，甚至形成闭环反馈。因此，很多文献在受限空间内开展中性或放电条件下的旋流火焰基础研究（Barbosa et al., 2015）。如图 2.13 和图 6.14(a)所示，喷嘴结构的外部加了一段石英圆管，火焰和流场被限制在圆管内部，回流区得到增强，此时旋流火焰更加趋于稳定。石英管内壁附近的火焰-壁面作用比较复杂，本书只做简单讨论，在没有额外使用水冷壁的情形下，石英管的温度可能会被加热到几百摄氏度，一方面，加热后的石英管可以使热量损失减少，另一方面，火焰中的自由基在接触壁面时会发生淬灭。图 6.14 展示了受限空间下，旋流火焰的流场结构示意图，以及不同当量比和放电情形下的火焰形态（$Re=9300$），照片采用尼康彩色数码相机拍摄。

火焰从稳定燃烧到熄灭将经历几个典型状态：首先在稳定燃烧时，火焰通过图 6.14(a)中Ⓐ所示的剪切层及外回流区稳定；随着当量比下降，火焰传播速度下降，火焰在Ⓐ所示剪切层和Ⓒ所示的内回流区之间过渡，充满整个石英管所在的空间并且在竖直方向振荡，此时认为火焰处于不稳定的状态；进一步降低当量比后，火焰脱离壁面，仅可以在电弧附近观测到极微弱的火焰信号，考虑到此时能量利用效率极低，因此判定火焰已经熄灭。图 6.14 中的彩色照片（(b)~(e)）显示滑动弧放电有助于改善当量比下降

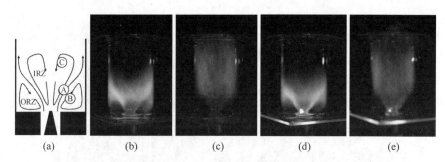

图 6.14 流场结构示意图及不同当量比和放电情形下的火焰形态

$Re=9300$

(a) 示意图；(b) $\varphi=0.81$,关放电；(c) $\varphi=0.67$,关放电；(d) $\varphi=0.67$,开放电；(e) $\varphi=0.57$,开放电

后的燃烧不稳定性,拓宽火焰进入振荡模式的当量比极限。

进一步地,图 6.15 展示了不同放电情形和雷诺数条件下的燃烧区间及可燃极限。在没有等离子体作用时,雷诺数为 2400 的条件下,火焰的熄灭当量比极限约为 0.9,此时流量较小,回流区比较弱,火焰在剪切层及外壁面附近稳定；当雷诺数增大到 4000 以上时,火焰的稳燃极限当量比约为 0.8,之后随当量比降低进入不稳定燃烧的区间,如图 6.14(c)所示,火焰发生上下振荡；在雷诺数大于 6000 时,此振荡区间的当量比范围为 0.6～0.8,火焰的可燃(熄灭)极限在 0.6 左右。在开启滑动弧作用时,火焰的稳定燃烧边界被拓宽到 0.7 左右,可燃(熄灭)极限拓宽到 0.5 左右。图 6.14(c)和图 6.14(d)显示,当雷诺数约为 9300,当量比约为 0.67 时,开启等离子体可以将火焰从不稳定振荡燃烧状态转化为稳定燃烧状态。

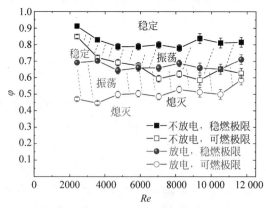

图 6.15 不同雷诺数条件下的燃烧区间和可燃极限

本节对于受限空间的旋流火焰仍然采用 OH-PLIF 进行诊断。燃烧器使用的石英管具有高透光率,当激光沿着直径方向射入时,在石英壁面入射点近似垂直入射,因此石英管对激光诊断的干扰比较小。图 6.16 展示了当雷诺数为 9000 时,不同当量比和放电情形下,受限空间旋流火焰的 OH-PLIF 平均和瞬态图像。当量比为 0.65 时,火焰均处于振荡模态的边缘,从 OH 自由基平均信号来看,火焰的驻定位置进入内回流区,瞬态的 OH 信号显示火焰结构破碎和锋面褶皱现象明显。而等离子体的加入能够明显地增强 OH 自由基的平均信号,拓宽火焰张角,有利于火焰稳定。

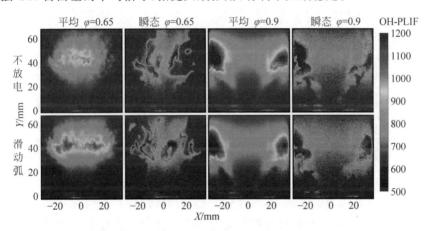

图 6.16 受限空间不同当量比和放电情形下的 **OH-PLIF** 图像(见文前彩图)

$Re = 9000$

此外,在当量比为 0.9 的不同雷诺数和放电情形下,火焰均稳定在剪切层,在壁面附近可以探测到非常强的 OH 自由基稳定信号。瞬态图像显示,由于湍流的作用,火焰锋面呈现褶皱结构,并可能存在高拉伸和局部熄灭的现象;但此时旋涡不足以撕裂火焰面,火焰结构整体上稳定存在。开启滑动弧放电之后,OH 自由基信号未见明显变化;说明在火焰稳定燃烧时,即使是滑动弧这种功率比较高的等离子体,对火焰的贡献程度也十分有限。

6.3.3 滑动弧的点火和稳燃机理分析

滑动弧放电兼具较强的热平衡和非热平衡效应,在高频交流电的驱动下,产生的热、化学物质、流场扰动及交流电场与火焰的直接作用强烈耦合在一起,结合高雷诺数旋流燃烧,形成高度非线性的动力学体系。滑动弧点火和稳燃包含以下基本物理过程：滑动弧的放电击穿、拉伸和断裂，初始火核的形成，火核在湍流场中的发展和传播，旋流火焰的燃烧不稳定性；后3个燃烧反应的过程都受到滑动弧的影响，而火焰对滑动弧的形成和演变也有反馈作用。

针对滑动弧在冷态和热态条件下的击穿、拉伸和断裂过程，以及滑动弧和湍流火焰之间的直接作用，Fridman 等（1999）的综述性文章和隆德大学发表的系列文章（Zhu et al.，2015，2017；Kong et al.，2018，2020）对此进行了详细介绍。传统意义的滑动弧先以热平衡等离子体的形式产生，处于电火花模式，局部气体温度达到几千开尔文。随着电弧拉伸和周围高速气体的作用，电弧区域气体冷却到 1000 K 左右，而此时电子温度约为 1 eV（约 11 605 K），进入以局部辉光放电为主的非平衡模式。从图 6.10 的电压电流曲线来看，本书使用滑动弧的电火花和热平衡放电特征较明显，而非平衡状态持续时间较短。

对于火核的产生和发展过程，本书采用 Telops 公司提供的 FAST M200 红外热像仪进行测量和表征。相机使用 TEL-7220 镜头，测量红外光波段范围为 $3 \sim 5~\mu m$，焦距为 25 mm，光圈为 2.3。相机的空间分辨率为 640×512 像素，帧频 200 Hz，每帧曝光时间约为 $216.2~\mu s$。红外热像仪的测温基于普朗克黑体辐射定律，将接收到的被测物体的红外辐射能量通过光敏元件转换成电信号，并通过数据处理计算出物体的温度分布。测量信号受到被测物体的发射率、大气条件和镜头参数等多个变量的影响，理论上可以通过多光谱技术并结合标定和数据修正，实现对火焰温度的较高精度测量。本书目前采用的设备和处理方法对于气相火焰仅能提供定性的二维温度图像用于表征火核和火焰的分布；而对于固体物质，在 $250 \sim 1000$ K 可以提供较高精度的定量结果。

图 6.17 展示了红外热像仪测量的放电和火焰的典型瞬态图像，该组俯视图展示了燃烧器内部未燃气和电弧的作用过程。测试中保持空气流量不变，逐渐提高甲烷流量以增加当量比；雷诺数控制在 9000 附近并随着甲烷流量增加而略微增大。在当量比为 0.1 时几乎观察不到信号，表明红外热像仪无法探测到空气中的放电过程，所记录的信号主要来自甲烷燃烧反应引起的气体升温；在当量比 0.3 处能捕捉到电弧形状的信号，可以认为是电弧划过的区域发生了局部和瞬时的燃烧反应；在当量比为 0.4 时探测到的信号区域增大，表明滑动弧点燃了可以维持一小段时间的初始火核，但是火核很快淬灭；在当量比达到 0.5 时，图片显示火核强度和半径均增大，呈

现为带状不连续分布,不同位置的火核甚至产生相互作用。由于当量比为 0.52 时火焰已经完全点燃,因此当量比 0.5 处于可燃的临界点。

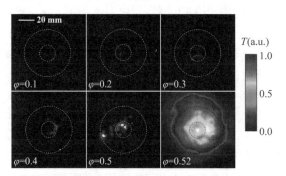

图 6.17　红外热像测量放电和火焰的典型瞬态图像(见文前彩图)
$Re \approx 9000$

图 6.17 说明初始火核在低当量比时就通过电弧形成了,但是由于反应的产热低于热量的耗散,火核无法有效传播而被高速流体淬灭。点火成功的瓶颈在于火核能否传播和发展,即产生的能量能否有效克服湍流场中的能量耗散。对于火核在预混气中的传播和发展,以及湍流对着火的影响,在过去以电火花点火为背景的系列研究中有较为充分的讨论,点火成功率与电火花能量、电极形状、燃料种类(或 Le)、当量比和湍流强度等有关;研究中多使用最小点火能作为重要判据(Shy et al.,2019;Chen et al.,2019)。

对于球形火焰模型,Turns(2009)的燃烧学教材中给出了最小点火能(E_{ig})公式:

$$E_{ig,sp} = 61.6 P \left(\frac{\alpha}{S_L}\right)^3 \frac{c_p W_b}{R_u} \frac{T_b - T_u}{T_b} \quad (6\text{-}7)$$

其中,P 是压力;α 是热扩散系数;S_L 是层流火焰速度;c_p 是比定压热容;W 是摩尔质量;R_u 是理想气体常数;T 是温度;下标 b、u 分别表示已燃气体和未燃气体。此外,考虑到电弧是近似圆柱形的结构,Cui 等(2019)给出了基于圆面推导的最小点火能计算方式:

$$E_{ig,cy} = 4\pi d P \left(\frac{\alpha}{S_L}\right)^2 \frac{c_p W_b}{R_u} \frac{T_b - T_u}{T_b} \quad (6\text{-}8)$$

其中,d 是等离子体区域的直径,这里用电弧直径表征,大约为 1 mm。

最小点火能与火焰速度密切相关,呈二次方或三次方的规律,而火焰速度对当量比十分敏感。图 6.18 给出了理论火焰速度和用式(6-7)和式(6-8)

计算的最小点火能随当量比的变化,其中理论火焰速度使用 Cantera 开源代码和 GRI-Mech 3.0 机理计算。在当量比小于 0.4 时,此时甲烷在空气中的含量低于爆炸极限,物理上很难实现火焰传播;之后在当量比为 0.4~0.65 时,火焰速度随当量比近似线性上升。图 6.18 中对最小点火能采用了对数坐标,随着当量比的上升,最小点火能呈指数规律下降,在当量比为 0.5 左右降到大约 1 mJ。

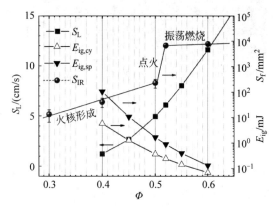

图 6.18 火焰速度(S_L)、火核面积(S_f)和最小点火能(E_{ig})随当量比(Φ)的变化

对应地,图 6.18 给出了红外热像仪测量的火焰面面积随当量比的变化。对于每个当量比工况,热像仪拍摄了 100 张图片,图片中每个像素的最大值为 256,在进行图片处理时,当像素点的信号大于幅值的一半(128)时,判定为火焰区域,统计其面积之和作为火焰(核)面积(S_f)。在点火发生前,S_f 随当量比也呈现指数增加规律,对应火核的生成和发展过程。在当量比为 0.5~0.52 时发生了点火,之后进入振荡燃烧模式。滑动弧放电的功率约为 25 W,频率约为 7.5 kHz;单个周期平均击穿一次,输入能量约为 3.3 mJ。这部分能量通过产热和化学反应来转化,等离子体在放电过程中产生了自由基(如 OH)和活性物质(如 N_2^*),因此除了热点火机理外,还有自由基点火的效应(张黄伟 等,2012)。图 6.18 显示 3.3 mJ 的最低点火能对应当量比为 0.45~0.5,与实际点火的临界值相近,偏差可能源于湍流等多个复杂因素的影响。

相比于单脉冲电火花点火,高频交流滑动弧在起弧—拉伸—断裂的过程中几乎随着气流运动,在形成初始火核后可以持续放电以促进火核的发展。此外,滑动弧的实际长度在本实验中可以达到几十毫米,能够同时在空间的数个位置产生不连续的火核,而火核在发展过程中可能发生接触、聚并,或者通过热辐射发生作用,从而有助于点燃整个预混气流。此外,形成火核之后,燃料的化学反应将提高局部的温度,并提供自由基和燃烧反应生成的离子、电子,从而有利于等离子体放电击穿,等离子体和火焰形成正反馈的激励作用。

在振荡状态下,滑动弧作为值班火焰持续将来流的预混气点燃,有助于火焰在内、外剪切层交界处稳定。气体点燃后有助于滑动弧延续到燃烧器喷嘴外,产生滑动弧与火焰的耦合作用,进一步生成 CH、OH 等促进燃烧反应。此外,交流滑动弧同时伴随着交流电场的作用,除了电弧所在的局部区域外,大部分电场近似 Laplacian 分布,高频交流电场对火焰面结构和位置也会造成影响。

6.4 本章小结

本章在前几章的基础上,探索了等离子体助燃技术在复杂情形下的适用情况,首先研究了同轴射流介质阻挡放电对正庚烷、异辛烷和正癸烷等大分子饱和烷烃燃料裂解和着火的促进作用;之后考察了滑动弧放电对于不同雷诺数旋流燃烧的主动控制效果。主要结论如下:

(1) DBD 对促进正庚烷等饱和烷烃燃料的着火具有促进作用,在 $150\sim300~\text{s}^{-1}$ 的拉伸条件下,可以促进着火温度降低 $50\sim100$ K。等离子体发挥的作用可以分为催化裂解和促进氧化反应两部分。气相色谱分析表明,DBD 裂解大分子燃料生成了氢气、甲烷、乙烷、乙烯、丙烷、丁烷等小分子,对于异辛烷则生成了异丁烷和异丁烯等,这些小分子具有更大的质量扩散系数。在氧化反应阶段,探测到了着火前 DBD 射流促进生成了 OH 自由基,而进一步的 CEMA 分析表明,H_2 等小分子和 OH 等含氧自由基对着火确实有较强的积极意义。

(2) 滑动弧对雷诺数为 $2000\sim12\,000$ 的开放或者受限旋流火焰均有显著的稳燃效果。开放空间下,旋流火焰贫燃极限从 $0.75\sim0.8$ 拓展到 0.6 左右;受限条件下,火焰在熄灭前会经历振荡燃烧的阶段,在滑动弧的作用下,稳定燃烧和振荡燃烧的下边界均拓宽了 $20\%\sim40\%$。OH PLIF 测量结果显示,滑动弧拓宽了内回流区且增强了反应区。

(3) 滑动弧的点火过程经历放电击穿、火核生成、火核发展和整体点燃的过程,其中放电击穿在冷态空气中可以发生,继而在低当量比条件下可以观测到火核的生成。随着当量比上升,高温反应区的面积增加,直至突破热量生成和耗散的临界点,实现旋流预混气的点火并在受限空间内进入振荡燃烧模式。之后,滑动弧的持续点燃效应、在火焰中生成的自由基等活性物质,以及伴随的交流电场等,都是促进火焰从振荡模式进入稳定燃烧的积极因素。

(4) 真实航空发动机中包含大分子燃料的雾化、裂解、扩散点火和部分预混燃烧等过程,上述对等离子体改善燃料裂解、着火和燃烧不稳定性的研究可以为等离子体在发动机中的应用提供理论支撑。

第7章 结论与展望

本书以等离子体调控燃烧体系中耦合的动力学过程为研究对象,建立了多种放电装置和燃烧器,发展了对关键物理量的光学诊断方法,特别是开发了适用于燃烧场中的电场测量技术。首先,本书研究了平面和同轴介质阻挡放电的特性及产生的流体动力学效应,并且基于光学测量结果建立了理论模型进行分析。将等离子体产生的流场扰动作用于平面扩散和预混火焰,采用实验、理论或数值方法揭示了火焰的响应规律。其次,探究了直流和交流电场对于火焰的作用,以及直流-纳秒脉冲双源放电中的等离子体形貌及火焰行为。进而,研究了等离子体产生的化学效应对着火和熄火的改善效果,结合中间产物测量和数值模拟对化学动力学过程进行了分析。最后,将等离子体助燃的概念拓展到更复杂的 C_7—C_{10} 饱和烷烃燃料及高雷诺数旋流火焰。本书的主要结论与创新点总结如下。

7.1 主要结论

(1)在光学诊断技术方面,本书针对等离子体助燃系统,采用粒子示踪方法实现了电离环境下的流速测量,考证了等离子体与颗粒的相互作用和颗粒荷电后产生的速度误差;经论证,3 μm 粒径的氧化铝颗粒可以应用于本书的同轴 DBD 射流;发展了 E-FISH 技术,实现了瞬态电场高时空分辨率的测量,并成功应用于燃烧环境;针对直流电场会改变火焰结构,利用纳秒脉冲电源发展了皮秒级 E-FISH 的自标定技术,结合光的偏振特性,准确解析了冷态及热态条件下电场矢量的时空分布。

(2)在实验设计方面,本书通过优化电极布置、局部加热、采用流场整流元件、调整电压波形等手段,实现了对等离子体中的电场效应、热效应、化学效应和气动效应的解耦分析;在 DBD 射流与对冲火焰的研究中,通过空间上分离等离子体核心放电区域和燃烧反应区,排除了电场对火焰的直接干扰;通过选择性加热气体来分析热效应的影响;使用流场整流筛解耦出离子风对火焰的传递作用;在研究纳秒脉冲 DBD 放电和火焰振荡时,调整了纳秒脉冲的波形,即保持上升沿不变以维持放电过程的热和化学效应,而改变下降沿以控制电场作用时间,从而突出了电场-火焰直接作用和残余电荷产生的电动流体力学效应。

(3) 在电动流体力学方面,本书测量了 SDBD 中电场分布,结果与 ICCD 拍摄的电离波传播,特别是与二次电离现象相吻合,且测量的最高瞬态电场强度接近 30 kV/cm 的理论击穿电压;发现了同轴 DBD 射流的湍流特征,特别是脉动速度能谱符合 $-\dfrac{5}{3}$ 幂次规律;进而,结合电学参数推导了含体积力的无量纲 Navier-Stokes 方程,获得了不同雷诺数条件下雷诺应力变化相图。结果表明,当雷诺数小于 2000 时,电场力起主导作用。

(4) 在研究火焰对流场扰动的响应方面,本书将 DBD 射流作为宽频扰动源研究了平面扩散和预混火焰的动力学特性,实验中观测到了湍流燃烧特征,并基于 CH^* 化学荧光测量了释热率变化。在一维扩散火焰体系中推导了 Z 方程和火焰传递函数,揭示了火焰传递函数随扰动幅值、拉伸率和频率的变化规律;进而,用流场拉伸率刻画了无量纲扰动频率(St);研究发现,在 $St>1$ 时,扩散火焰传递函数的幅值与 St 呈负一次方关系;针对受扰预混火焰,LES 计算结果解释了流场湍动及火焰面褶皱、弯曲和振荡等实验现象。

(5) 在探索电场-火焰相互作用机制方面,本书首先在未达到击穿强度的直交流电场中研究了扩散和预混火焰动力学行为,以及火焰对电场的影响规律;其次在发生电击穿时,发现纳秒脉冲放电以火焰面为界在两侧分别呈现均匀放电和流注放电形式,而叠加约 -500 V 的直流电压后可实现较完整的弥散等离子体,且电场强度测量结果与 ICCD 相机拍摄的电离波发展过程一致;最后用杆状电极产生纳秒脉冲 DBD 放电并诱发了火焰振荡,其振幅在延长脉冲下降沿时显著加强。电场测量结果显示,介质表面残留电荷形成的电场引发了流体动力学效应,延长了纳秒脉冲作用时间尺度,是造成火焰振荡的主要因素。

(6) 在研究化学效应方面,DBD 可以降低甲烷的强迫着火温度 150~180 K,拓宽贫燃极限将近 20%,且助燃效果与放电频率表现为正相关;DBD 的促进着火作用可拓宽到正庚烷、异辛烷和正癸烷等大分子燃料,研究发现,在 150~300 s^{-1} 的拉伸条件下,DBD 可降低大分子燃料着火温度 50~100 K;DBD 的作用可分为催化裂解和促进氧化反应两个阶段,气相色谱测量结果显示,H_2 是重要的裂解产物,而 H_2 对碳氢燃料的着火具有重要促进作用；此外，PLIF 结果表明，DBD 可通过 Ar^* 等寿命较长的活性物质来调控火焰区的氧化反应。

（7）在研究高雷诺数旋流燃烧时，采用滑动弧对雷诺数范围从 2000～12 000 的旋流火焰进行点火和稳燃。滑动弧助燃经历了放电击穿、火核生成及发展、火焰传播和整体点燃等过程，伴随着热、化学、气动和电场效应，以及等离子体和火焰的正反馈；滑动弧对旋流火焰稳定燃烧和振荡燃烧的下边界均拓宽了 20%～40%。等离子体促进大分子燃料裂解、着火和拓宽高雷诺数旋流火焰贫燃极限的结果为等离子体在航空发动机中的应用提供了理论支撑。

7.2 创 新 点

本书的主要创新点归纳如下。

（1）在光学诊断方面，论证了粒子示踪技术在 DBD 射流中的可行性；发展了皮秒级电场诱导二次谐波技术（E-FISH）及它在燃烧环境中的标定方法。

（2）发现了等离子体射流的湍流特征，基于无量纲分析揭示了电场力和雷诺应力随雷诺数的变化规律；解耦了等离子体射流扰动对平面火焰的传递规律，得到了扩散火焰传递函数随无量纲扰动频率（St）的变化相图。

（3）通过灵活调控纳秒脉冲波形及实施电场测量，揭示了电场-火焰相互作用改变火焰结构和稳定性的机制。

（4）建立了分段裂解和氧化燃料的 DBD 装置，设计了旋转滑动弧电极实现了对高雷诺数旋流火焰的点火和稳燃作用，形成了等离子体调控燃烧过程的新方法。

7.3 建议与展望

等离子体和燃烧的相互作用机理十分复杂，纳秒脉冲放电和 DBD 在大气压条件及空气中均容易丝状化，会产生非常强的时间和空间非线性效应。本书的部分研究将电极与火焰区在物理上分离，一定程度牺牲了等离子体的在线耦合作用。此外，等离子体助燃是面向应用的技术，但是目前的研究大多数停留在实验室尺度。基于当前结果，本书对未来的工作有以下几方面的考虑。

(1) 交流 DBD 与火焰场的直接耦合作用研究。一方面，交流 DBD 在大气压条件下的丝状放电，产生的热、化学、气动和电场效应对燃烧都十分重要；另一方面，火焰中化学反应产生的带电粒子及温度梯度将改变等离子体的形态。因此，交流 DBD 与火焰的直接耦合可能呈现不一样的规律。

(2) 开展一维和二维的 E-FISH 测量。本书的 E-FISH 研究均是基于单点测量获得零维结果，通过移动被测点位置实现空间结构的解析，需要被测对象具有较好的时间和空间重复性。根据二次谐波的产生过程，能够开展 E-FISH 的一维测量和二维测量，其主要瓶颈在于提高激光单脉冲功率及维护光路传播过程中的空间信息，国际上最新的研究对此有一些探索。

(3) 等离子体助燃的理论建模和数值仿真工作。本书进行了电中性火焰的简单数值模拟，但没有对等离子体和火焰的耦合过程进行建模，而是通过在边界加入小分子来模拟等离子体的离线作用。目前国内外对等离子体助燃的数值模拟研究还在初步阶段，需要在化学动力学研究的基础上考虑流动和火焰传播等因素，建立包含带电组分的反应机理、燃烧模型及耦合关系，将当前的零维研究和一维研究拓展到反应流的直接数值模拟(DNS)或大涡模拟(LES)中，来获得等离子体促进着火、加快火焰传播、与火焰相互作用及改善燃烧不稳定性的详细机制。

(4) 等离子体助燃在实际燃烧器中的应用研究。滑动弧结合了等离子体的热效应、化学效应和气动效应，对单喷嘴旋流火焰具有稳燃作用，但是本书还未涉及更复杂的多喷嘴旋流燃烧和喷雾旋流燃烧。此外，在实际燃烧器中，还需要考虑供电、绝缘和电极寿命等更多具体的因素，因此对等离子体助燃的应用研究还需要开展大量工作。

参考文献

陈一,费力,何立明,等,2009.介质阻挡等离子体对航空发动机燃烧室特性的影响[J].西北工业大学学报,37(2):369-377.
崔巍,2019.等离子体激励下的旋流火焰动力学控制机理研究[D].北京:清华大学.
顾诵芬,解思适,2001.飞机总体设计[M].北京:北京航空航天大学出版社,2001.
郭志辉,李磊,张澄宇,等,2008.关于热声不稳定性现象的一种控制方法[J].工程热物理学报,29(6):947-950.
洪延姬,席文雄,李兰,等,2018.等离子体辅助燃烧机制及其在高速气流中的燃烧应用研究评述[J].推进技术,39(10):2274-2288.
黄邦斗,2018.纳秒脉冲放电时空演化及控制参数影响的实验与模型研究[D].北京:清华大学.
黄维娜,李中祥,2014.国外航空发动机简明手册[M].西安:西北工业大学出版社.
李飞,余西龙,顾洪斌,等,2012.超声速气流中煤油射流的等离子体点火实验[J].航空动力学报,27(4):824-831.
李钢,李华,杨凌元,等,2012.俄罗斯等离子体点火和辅助燃烧研究进展[J].科技导报,30(17):66-72.
李和平,于达仁,孙文廷,等,2016.大气压放电等离子体研究进展综述[J].高电压技术,42(12):3697-3727.
李寄,张继春,唐井峰,等,2017.三电极等离子点火器激励参数的优化选择[J].节能技术,35(5):429-432.
李磊,孙晓峰,2010.推进动力系统燃烧不稳定性产生的机理、预测及控制方法[J].推进技术,31(6):710-720.
李平,穆海宝,喻琳,等,2015.低温等离子体辅助燃烧的研究进展、关键问题及展望[J].高电压技术,41(6):2073-2083.
林冰轩,吴云,金迪,等,2018.低气压下多通道纳秒脉冲等离子体点火特性研究[J].工程热物理学报,39(9):2048-2055.
毛兴谦,2019.等离子体非平衡激发对燃料点火和裂解/氧化的增强作用研究[D].北京:北京交通大学.
聂万胜,庄逢辰,1998.声腔应用于液体火箭发动机不稳定燃烧抑制中的特性研究[J].国防科技大学学报,2:15-19.
任翊华,2018.基于气相合成的复杂火焰场在线光学诊断与调控[D].北京:清华大学.

邵涛,严萍,2015.大气压气体放电及其等离子体应用[M].北京:科学出版社.
邵涛,章程,王瑞雪,等,2016.大气压脉冲气体放电与等离子体应用[J].高电压技术,42(3):685-705.
宋军,2017.未来先进航空发动机的发展[M].北京:中国科学技术出版社.
孙进桃,陈琪,许京,2020.AC等离子体辅助CH_4低温氧化的分子激发作用[J].工程热物理学报,41(2):507-513.
唐井峰,孟繁星,鲍文,等,2017.面向超声速燃烧的等离子体点火技术[C].西安:第十八届全国等离子体科学技术会议.
涂功铭,宋蔷,陈奎绫,等,2016.带电颗粒流动过程中电荷损失的研究[J].中国电机工程学报,36(16):4369-4375.
韦宝禧,欧东,闫明磊,等,2012.超燃燃烧室等离子体点火和火焰稳定性能[J].北京航空航天大学学报,38(12):1572-1576.
吴云,李应红,2014.等离子体流动控制与点火助燃研究进展[J].高电压技术,40(7):2024-2038.
翁方龙,朱民,李东海,2014.黎开管中热声拍振现象及其主动控制[J].工程热物理学报,35(11):2313-2316.
吴宁,2013.对冲火焰条件下煤粉燃烧特性的实验方法研究[D].北京:清华大学.
熊模友,2017.非稳态火焰面/进度变量模型在航空发动机燃烧室中的应用研究[D].西安:西北工业大学.
徐旭常,周力行,2007.燃烧技术手册[M].北京:化学工业出版社.
许国旺,2016.分析化学手册.5.气相色谱分析[M].北京:化学工业出版社.
严建华,刘亚纳,李晓东,等,2009.不同气氛下气液两相滑动弧放电降解甲基紫[J].浙江大学学报(工学版),43(5):931-936.
于锦禄,黄丹青,王思博,等,2018.等离子体点火与助燃技术在航空发动机上的应用[J].航空发动机,44(3):12-20.
于锦禄,王思博,黄丹青,等,2018.等离子体点火技术在脉冲爆震发动机中的应用研究现状[J].航空科学技术,29(10):1-10.
张弛,林宇震,徐华胜,等,2014.民用航空发动机低排放燃烧室技术发展现状及水平[J].航空学报,35(2):332-350.
张浩,朱凤森,李晓东,等,2016.旋转滑动弧氩等离子体裂解甲烷制氢[J].燃料化学学报,44(2):192-200.
张黄伟,郭鹏,陈正,2012.预混气体自由基点火的机理研究[J].工程热物理学报,33(12):2219-2222.
张儒征,廖汉东,杨玖重,等,2018.等离子体辅助氧化体系的分子束质谱诊断[J].工程热物理学报,39(7):1609-1613.
张晓宇,2014.合成气燃料点火及火焰稳定性的研究[D].北京:清华大学.
周昊,王恒栋,黄燕,等,2015.横向射流对Rijke型燃烧器热声不稳定控制效果的影响[J].中国电机工程学报,12:3075-3080.

周思引,聂万胜,车学科,等,2019. 非平衡等离子体对甲烷－氧扩散火焰影响的实验研究[J]. 力学学报,51(5): 1336-1349.

Adamovich I V, Lempert W R, 2015. Challenges in understanding and predictive model development of plasma-assisted combustion[J]. Plasma Physics and Controlled Fusion, 57: 0140011.

Astanei D, Munteanu F, Nemes C, et al., 2015. Electrical Diagnostic of High Voltage Discharges Produced by a New Spark-Plug[C]. Oradea, Romania: 13th International Conference on Engineering of Modern Electric Systems(EMES).

Balasubramanian K, Sujith R I, 2008. Nonlinear response of diffusion flames to uniform velocity disturbances[J]. Combustion Science and Technology, 180(3): 418-436.

Barbosa S, Pilla G, Lacoste D A, et al., 2008. Influence of nanosecond repetitively pulsed discharges on the stability of a swirled propane/air burner representative of an aeronautical combustor[J]. Philosophical Transactions A, 373: 0335.

Barlow R S, Karpetis A N, Frank J H, et al., 2007. Scalar profiles and NO formation in laminar opposed-flow partially premixed methane/air flames[J]. Combustion and Flame, 127(3): 2102-2118.

Battin-Leclerc F, 2008. Detailed chemical kinetic models for the low-temperature combustion of hydrocarbons with application to gasoline and diesel fuel surrogates[J]. Progress in Energy and Combustion Science, 34(4): 440-498.

Beer J M, Chiger N A, 1972. Combustion Aerodynamics[M]. London: Applied Science Publishers Ltd.

Belhi M, Lee B J, Bisetti F, et al., 2017. A computational study of the effects of DC electric fields on non-premixed counterflow methane-air flames[J]. Journal of Physics D: Applied Physics, 50: 494005.

Benard N, Moreau E, 2010. Capabilities of the dielectric barrier discharge plasma actuator for multi-frequency excitations[J]. Journal of Physics D: Applied Physics, 43: 14520114.

Benard N, Moreau E, 2014. Electrical and mechanical characteristics of surface AC dielectric barrier discharge plasma actuators applied to airflow control[J]. Experiments in Fluids, 55: 1846.

Billingsley M C, Sanders D D, Brien W F O, et al., 2005. Improved Plasma Torches for Application in Supersonic Combustion[C]. Capua, Italy: AIAA/CIRA 13th International Space Planes and Hypersonics Systems and Technologies.

Bloembergen Nicolaas, 1987. Nonlinear Optics[M]. 吴存恺,沈文达,沃新能,译. 北京: 科学出版社.

Blouch J D, Law C K, 2000. Non-premixed ignition of n-heptane and iso-octane in a laminar counterflow[J]. Proceedings of the Combustion Institute, 28(2): 1679-1686.

Boelke O, Moeck J P, Lacoste D A, 2016. Sound Generation and Control of Thermoacoustic Instabilities by Nanosecond Plasma Discharges[C]. Athens, Greece: 23th International

Congress on Sound and Vibration.

Bogaerts A, Neyts E, Gijbels R, et al., 2002. Gas discharge plasmas and their applications [J]. Spectrochimica Acta Part B: Atomic Spectroscopy, 57(4): 609-658.

Boudghene Stambouli A, Traversa E, 2002. Fuel cells, an alternative to standard sources of energy[J]. Renewable and Sustainable Energy Reviews, 6(3): 295-304.

Brande W T, 1814. The Bakerian lecture: On some new electro-chemical phenomena[J]. Philosophical Transactions of the Royal Society of London, 104: 51-61.

Brandenburg R, 2017. Dielectric barrier discharges: progress on plasma sources and on the understanding of regimes and single filaments[J]. Plasma Sources Science and Technology, 26(5): 53001.

Burke S P, Schumann T E W, 1928. Diffusion Flames[J]. Industrial & Engineeing Chemistry, 20(10): 998-1004.

Candel S, 2002. Combustion dynamics and control: progress and challenges[J]. Proceedings of the Combustion Institute, 29: 1-28.

Carleton F W F, 1987. Electric field-induced flame convection in the absence of gravity [J]. Nature, 330: 635-636.

Cathey C D, Tang T, Shiraishi T, et al., 2007. Nanosecond Plasma Ignition for Improved Performance of an Internal Combustion Engine[J]. IEEE Transactions on Plasma Science, 35(6): 1664-1668.

Cattolica R J, Stepowski D, Pueci-Iberty D, et al., 1984. Laser-induced fluorescence of the CH molecule in a low-pressure flame[J]. Journal of Quantitative Spectroscopy and Radiative Transfer, 32(4): 363-370.

Cavaliere A, de Joannon M, 2004. Mild Combustion[J]. Progress in Energy and Combustion Science, 30(4): 329-366.

Cha M S, Lee S M, Kim K T, et al., 2005. Soot suppression by nonthermal plasma in coflow jet diffusion flames using a dielectric barrier discharge[J]. Combustion and Flame, 141(4): 438-447.

Chang J S, Brocilo D, Urashima K, et al., 2004. Optimization of Seed-Particle Size and Density Used in The Particle Image Velocimetry Under Corona Discharges and Non-Thermal Plasmas[C]. Kyoto: 7th International Congress on Optical Particle Characterization.

Chen F F, 1974. Introduction to Plasma Physics[M]. 林光海, 译. 北京: 科学出版社.

Chen X, Han W, Chen Z, 2019. Effects of turbulence on forced ignition in a premixture [C]. Sendai, Japan: 16th International Conference of Flow Dynamics.

Chng T L, Orel I S, Starikovskaia S M, et al., 2019. Electric field induced second harmonic(E-FISH) generation for characterization of fast ionization wave discharges at moderate and low pressures[J]. Plasma Sources Science and Technology, 28(4): 45004.

Chu S, Majumdar A, 2012. Opportunities and challenges for a sustainable energy future [J]. Nature, 488(7411): 294-303.

Clements R M, Smith R D, Smy P R, 1981. Enhancement of Flame Speed by Intense Microwave Radiation[J]. Combustion Science and Technology, 26(1/2): 77-81.

Corke T C, Post M L, 2005. Overview of Plasma Flow Control: Concepts, Optimization, and Applications[C]. Reno, Nevada: 43rd AIAA Aerospace Sciences Meeting and Exhibit.

Corke T C, Enloe C L, Wilkinson S P, 2010. Dielectric Barrier Discharge Plasma Actuators for Flow Control[J]. Annual Review of Fluid Mechanics, 2010(42): 505-529.

Crank J, Nicolson P, 1947. A practical method for numerical evaluation of solutions of partial differential equations of the heat-conduction type[J]. Proceedings of the Cambridge Philosophical Society, 1(43): 50-67.

Criner K, Cessou A, Vervisch P, 2007. A Comparative Study of the Stabilization of Propane Lifted Jet-Flames by Pulsed, AC and DC High-Voltage Discharges[C]. Chania, Crete: Third European Combustion Meeting(ECM 2007).

Cui W, Ren Y, Li S, 2019. Stabilization of premixed swirl flames under flow pulsations using microsecond pulsed plasmas[J]. Journal of Propulsion and Power, 35(1): 190-200.

Cui Y, Zhuang C, Zeng R, 2019. Electric field measurements under DC corona discharges in ambient air by electric field induced second harmonic generation[J]. Applied Physics Letters, 115(24): 244101.

Culick F E, Kuentzmann P, 2006. Unsteady Motions in Combustion Chambers for Propulsion Systems[M]. Brussels: North Atlantic Treaty Organisation.

Cuoci A, Frassoldati A, Faravelli T, et al., 2013. A computational tool for the detailed kinetic modeling of laminar flames: Application to C_2H_4/CH_4 coflow flames[J]. Combustion and Flame, 160(5): 870-886.

Daily J W, 1997. Laser induced fluorescence spectroscopy in flames[J]. Progress in Energy and Combustion Science, 23(2): 133-199.

Davidson D F, Hong Z, Pilla G L, et al., 2011. Multi-species time-history measurements during n-dodecane oxidation behind reflected shock waves[J]. Proceedings of the Combustion Institute, 33(1): 151-157.

Debe M K, 2012. Electrocatalyst approaches and challenges for automotive fuel cells[J]. Nature, 486: 43-51.

Decastro J, Litt J, Frederick D, 2008. A Modular Aero-Propulsion System Simulation of a Large Commercial Aircraft Engine[R]. Washingbon D. C., USA: NASA, 2008: 215303.

Deng S, Zhao P, Zhu D, et al., 2014. NTC-affected ignition and low-temperature flames in nonpremixed DME/air counterflow[J]. Combustion and Flame, 161(8): 1993-1997.

Djurović S, Konjević N, 2009. On the use of non-hydrogenic spectral lines for low electron density and high pressure plasma diagnostics[J]. Plasma Sources Science and Technology, 18(3): 35011.

Docquier N, Candel S, 2002. Combustion control and sensors: a review[J]. Progress in Energy and Combustion Science, 28(2): 107-150.

Dogariu A, Goldberg B M, O Byrne S, et al., 2017. Species-Independent Femtosecond Localized Electric Field Measurement[J]. Physical Review Applied, 7(2): 024024.

Dowling A P, Stow S R, 2003. Acoustic Analysis of Gas Turbine Combustors[J]. Journal of Propulsion and Power, 5(19): 751-765.

Dowling A P, Mahmoudi Y, 2015. Combustion noise[J]. Proceedings of the Combustion Institute, 35(1): 65-100.

Dowling A P, Morgans A S, 2005. Feedback Control of Combustion Oscillations[J]. Annual Review of Fluid Mechanics, 37(1): 151-182.

Ducruix S, Schuller T, Durox D, et al., 2003. Combustion dynamics and instabilities: Elementary coupling and driving mechanisms[J]. Journal of Propulsion and Power, 19(5): 722-734.

Ehn A, Petersson P, Zhu J J, et al., 2017. Investigations of microwave stimulation of a turbulent low-swirl flame[J]. Proceedings of the Combustion Institute, 36(3): 4121-4128.

Eldredge J D, Dowling A P, 2003. The absorption of axial acoustic waves by a perforated liner with bias flow[J]. Journal of Fluid Mechanics, 485: 307-335.

Fotache C G, Kreutz T G, Law C K, 1997. Ignition of Hydrogen-Enriched Methane by Heated Air[J]. Combustion and Flame, 110: 429-440.

Frenklach M, Wang H, Goldenberg M, et al., 1995. GRI-Mech—An Optimized Detailed Chemical Reaction Mechanism for Methane Combustion[R/OL]. http://www.me.berkeley.edu/gri_mech/.

Fridman A, 2008. Plasma Chemistry[M]. New York: Cambridge University Press.

Fridman A, Nester S, Kennedy L A, et al., 1999. Gliding arc gas discharge[J]. Progress in Energy and Combustion Science, 25(2): 211-231.

Gao J, Kong C, Zhu J, et al., 2019. Visualization of instantaneous structure and dynamics of large-scale turbulent flames stabilized by a gliding arc discharge[J]. Proceedings of the Combustion Institute, 37(4): 5629-5636.

Giassi D, Cao S, Bennett B A V, et al., 2016. Analysis of CH^* concentration and flame heat release rate in laminar coflow diffusion flames under microgravity and normal gravity[J]. Combustion and Flame, 167: 198-206.

Giovangigli V, Smooke M D, 1987. Extinction of strained premixed laminar flames with complex chemistry[J]. Combustion Science and Technology, 53(1): 23-49.

Goldberg B M, Shkurenkov I, O'Byrne S, et al., 2015. Electric field measurements in a dielectric barrier nanosecond pulse discharge with sub-nanosecond time resolution[J]. Plasma Sources Science & Technology,24: 0350103.

Goldberg B M,Chng T L,Dogariu A,et al. ,2018. Electric field measurements in a near atmospheric pressure nanosecond pulse discharge with picosecond electric field induced second harmonic generation[J]. Applied Physics Letters,112(6): 64102.

Grosshandler W L,1993. RADCAL:A Narrow-Band Model for Radiation Calculations in a Combustion Environment[R]. Washington,D. C. : NIST Technical Note 1402.

Guerra-Garcia C, Martinez-Sanchez M, 2015. Counterflow nonpremixed flame DC displacement under AC electric field[J]. Combustion and Flame,162(11): 4254-4263.

Gutsol A, Rabinovich A, Fridman A, 2011. Combustion-assisted plasma in fuel conversion[J]. Journal of Physics D: Applied Physics,44: 274001.

Hagelaar G J M,Pitchford L C,2005. Solving the Boltzmann equation to obtain electron transport coefficients and rate coefficients for fluid models[J]. Plasma Sources Science and Technology,14(4): 722-733.

Hall R J,1993. The radiative source term for plane-parallel layers of reacting combustion gases[J]. Journal of Quantitative Spectroscopy and Radiative Transfer, 49 (5): 517-523.

Hanson R K, Seitzman J M, Paul P H, 1990. Planar Laser-Fluorescence Imaging of Combustion Gases[J]. Applied Physics B-lasers,(50): 441-454.

Haselfoot C E, Kirkby P, 1904. The electrical effects produced by the explosion of hydrogen and oxygen[J]. The London,Edinburgh,and Dublin Philosophical Magazine and Journal of Science,8(46): 471-481.

Hemawan K W, Romel C L, Zuo S, et al. ,2006. Microwave plasma-assisted premixed flame combustion[J]. Applied Physics Letters,89: 141501.

Horiuti K,1985. Large Eddy Simulation of Turbulent Channel Flow by One-Equation Modeling[J]. Journal of the Physical Society of Japan,54(8): 2855-2865.

Hossain A, Nakamura Y, 2014. A numerical study on the ability to predict the heat release rate using CH* chemiluminescence in non-sooting counterflow diffusion flames[J]. Combustion and Flame,161(1): 162-172.

Hsu K Y, Goss L P, Trump D D, 1998. Characteristics of a Trapped-Vortex (TV) combustor[J]. Journal of Propulsion and Power,14: 57-69.

Huang B, Zhu X, Takashima K, et al. , 2013. The spatial-temporal evolution of the electron density and temperature for a nanosecond microdischarge [J]. Journal of Physics D: Applied Physics,46: 464011.

Huang B D,Zhang C,Adamovich I V,et al. ,2020. Surface ionization wave propagation in the nanosecond pulsed surface dielectric barrier discharge: the influence of dielectric material and pulse repetition rate [J]. Plasma Sources Science and Technology, 29: 044001.

Huang Y, Yang V, 2009. Dynamics and stability of lean-premixed swirl-stabilized combustion[J]. Progress in Energy and Combustion Science,35(4): 293-364.

Humphrey L J, Emerson B, Lieuwen T C, 2018. Premixed turbulent flame speed in an oscillating disturbance field[J]. Journal of Fluid Mechanics,835: 102-130.

ICAO,2010. Environmental Report 2010: Aviation and Climate change [R]. Montreal, Canada: ICAO.

Indarto A, Choi J, Lee H, et al. , 2006. Methane conversion using dielectric barrier discharge: comparison with thermal process and catalyst effects[J]. Journal of Natural Gas Chemistry,15(2): 87-92.

Ito T, Kanazawa T, Hamaguchi S, 2011. Rapid breakdown mechanisms of open air nanosecond dielectric barrier discharges[J]. Physical Review Letters,107(6): 65002.

Ju Y, Sun W, 2015. Plasma assisted combustion: Dynamics and chemistry[J]. Progress in Energy and Combustion Science,48: 21-83.

Ju Y, Reuter C B, Yehia O R, et al. , 2019. Dynamics of cool flames[J]. Progress in Energy and Combustion Science,75: 100787.

Ju Y, Maruta K, 2011. Microscale combustion: Technology development and fundamental research[J]. Progress in Energy and Combustion Science,37(6): 669-715.

Ju Y, Niioka T, 1995. Ignition Simulation of Methane/Hydrogen Mixtures in a Supersonic Mixing Layer[J]. Combustion and Flame,102: 462-470。

K. M, 2013. Low-Emissions Gas Turbine Combustion: Design Trends and Challenges [C]. Clemson: Fall meeting of the eastern states section of the combustion institute (USA).

Kempkens H, Uhlenbusch J, 2000. Scattering diagnostics of low-temperature plasmas (Rayleigh scattering, Thomson scattering, CARS) [J]. Plasma Sources Science & Technology,9(4): 492-506.

Khacef A, Cormier J M, Pouvesle J M, 2002. NO_x remediation in oxygen-rich exhaust gas using atmospheric pressure non-thermal plasma generated by a pulsed nanosecond dielectric barrier discharge[J]. Journal of Physics D: Applied Physics,35: 1491-1498.

Kim W, Cohen J, 2017. Plasma-assisted combustor dynamics control at ambient and realistic gas turbine conditions[C]. NC, USA: Proceedings of ASME Turbo Expo 2017: Turbomachinery Technical Conference and Exposition. Charlotte.

Kogelschatz U, 2003. Dielectric-barrier discharges: Their history, discharge physics, and industrial applications[J]. Plasma Chemistry and Plasma Processing,23(1): 1-46.

Kohse-Hoinghaus K, Jeffries J B, 2002. Applied Combustion Diagnostics[M]. 刘晶儒,叶景峰,陶波,等译. 北京: 国防工业出版社.

Kojima J, Ikeda Y, Nakajima T, 2005. Basic aspects of OH(A), CH(A), and C_2(d) chemiluminescence in the reaction zone of laminar methane - air premixed flames[J]. Combustion and Flame,140(1/2): 34-45.

Kong C, Gao J, Zhu J, et al., 2018. Re-igniting the afterglow plasma column of an AC powered gliding arc discharge in atmospheric-pressure air [J]. Applied Physics Letters, 112: 264101.

Kong C, Li Z, Aldén M, et al., 2020. Thermal analysis of a high-power glow discharge in flowing atmospheric air by combining Rayleigh scattering thermometry and numerical simulation [J]. Journal of Physics D: Applied Physics, 53: 85502.

Kornev N, Hassel E, 2007. Method of random spots for generation of synthetic inhomogeneous turbulent fields with prescribed autocorrelation functions [J]. Communications in Numerical Methods in Engineering, 23(1): 35-43.

Kriegseis J, Möller B, Grundmann S, et al., 2011. Capacitance and power consumption quantification of dielectric barrier discharge (DBD) plasma actuators [J]. Journal of Electrostatics, 69(4): 302-312.

Kuraica M M, Konjević N, 1997. Electric field measurement in the cathode fall region of a glow discharge in helium [J]. Applied Physics Letters, 70(12): 1521-1523.

Lacoste D A, Moeck J P, Durox D, et al., 2013. Effect of nanosecond repetitively pulsed discharges on the dynamics of a swirl-stabilized lean premixed flame [J]. Journal of Engineering for Gas Turbines and Power, (135): 101501.

Lacoste D A, Xiong Y, Moeck J P, et al., 2017. Transfer functions of laminar premixed flames subjected to forcing by acoustic waves, AC electric fields, and non-thermal plasma discharges [J]. Proceedings of the Combustion Institute, 36(3): 4183-4192.

Lang W, Poinsot T, Candel S, 1987. Active control of combustion instability [J]. Combustion and Flame, 70: 281-289.

Law C K, 2006. Combustion Physics [M]. New York: Cambridge University Press.

Law C K, Zhao P, 2012. NTC-affected ignition in nonpremixed counterflow [J]. Combustion and Flame, 159(3): 1044-1054.

Lawton J, Payne K, Weinberg F, 1962. Flame-arc combination [J]. Nature, 193: 736-738.

Lefkowitz J K, Ju Y, 2012. A Study of Plasma-Assisted Ignition in a Small Internal Combustion Engine [C]. Nashville, Tennessee: 50th AIAA Aerospace Sciences Meeting including the New Horizons Forum and Aerospace Exposition.

Lefkowitz J K, Uddi M, Windom B C, et al., 2015. In situ species diagnostics and kinetic study of plasma activated ethylene dissociation and oxidation in a low temperature flow reactor [J]. Proceedings of the Combustion Institute, 35(3): 3505-3512.

Lempert W R, 2015. An Overview of the AFOSR Plasma MURI Program: Fundamental mechanisms, predictive modeling, and novel aerospace applications of plasma assisted combustion [C]. Kissimmee, Florida: 53rd AIAA Aerospace Sciences Meeting.

Lewis B, 1931. The effect of an electric field on flames and their propagation [J]. Journal of the American Chemical Society, 53: 1304-1313.

Li T, Adamovich I V, Sutton J A, 2016. Effects of non-equilibrium plasmas on low-pressure, premixed flames. Part 1: CH* chemiluminescence, temperature, and OH [J]. Combustion and Flame, 165: 50-67.

Li Z, Gou X, Chen Z, 2019. Effects of hydrogen addition on non-premixed ignition of iso-octane by hot air in a diffusion layer[J]. Combustion and Flame, 199: 292-300.

Lieberman M A, Lichtenberg A J, 2017. 等离子体放电与材料工艺原理[M]. 蒲以康, 译. 北京：电子工业出版社.

Lieuwen T, 2003. Modeling premixed combustion-acoustic wave interactions: A review [J]. Journal of Propulsion and Power, 19(5): 765-781.

Lieuwen T C, Yang V, 2005. Combustion Instabilities in Gas Turbine Engines: Operational Experience, Fundamental Mechanisms, and Modeling[M]. Reston, VA: American Institute of Aeronautics and Astronautics, Inc.

Lin B, Wu Y, Zhu Y, et al., 2019 Experimental investigation of gliding arc plasma fuel injector for ignition and extinction performance improvement[J]. Applied Energy, 235: 1017-1026.

Little J, Samimy M, 2010. High-Lift Airfoil Separation with Dielectric Barrier Discharge Plasma Actuation[J]. AIAA Journal, 48(12): 2884-2898.

Liu N, Ji C, Egolfopoulos F N, 2012. Ignition of non-premixed C_3—C_{12} n-alkane flames [J]. Combustion and Flame, 159(2): 465-475.

Liu N, Mani Sarathy S, Westbrook C K, et al., 2013. Ignition of non-premixed counterflow flames of octane and decane isomers[J]. Proceedings of the Combustion Institute, 34(1): 903-910.

LLNL, 2020. Plasma Physics[EB/OL]. [2020-01-20]. https://lasers.llnl.gov/science/understanding-the-universe/plasma-physics.

Lu T F, Yoo C S, Chen J H, et al., 2010. Three-dimensional direct numerical simulation of a turbulent lifted hydrogen jet flame in heated coflow: a chemical explosive mode analysis[J]. Journal of Fluid Mechanics, 652: 45-64.

Lutz A E, Kee R J, Grcar J F, et al., 1997. OPPDIF: A Fortran program for computing opposed-flow diffusion flames[R]. Livermore, CA: Sandia National Laboratories.

Lin M, Lei Q C, Ikeda J. et al., 2017. Single-shot 3D flame diagnostic based on volumetric laser induced fluorescence (VLIF)[J]. Proceedings of the Combustion Institute, 36(3): 4575-4583.

Magina N, Shin D, Acharya V, et al., 2013. Response of non-premixed flames to bulk flow perturbations[J]. Proceedings of the Combustion Institute, 34(1): 963-971.

Magina N, Acharya V, Lieuwen T., 2019. Forced response of laminar non-premixed jet flames[J]. Progress in Energy and Combustion Science, 70: 89-118.

Majumdar A, Behnke J F, Hippler R, et al., 2005. Chemical reaction studies in CH_4/Ar and CH_4/N_2 gas mixtures of a dielectric barrier discharge[J]. The Journal of Physical Chemistry A, 109: 9371-9377.

Mao X, Rousso A, Chen Q, et al., 2019. Numerical modeling of ignition enhancement of $CH_4/O_2/He$ mixtures using a hybrid repetitive nanosecond and DC discharge[J]. Proceedings of the Combustion Institute, 37(4): 5545-5552.

Mariani A, Foucher F, 2014. Radio frequency spark plug: An ignition system for modern internal combustion engines[J]. Applied Energy, 122: 151-161.

Marshall J S, Li S, 2014. Adhesive Particle Flow: A Discrete-Element Approach[M]. Cambridge: Cambridge University Press.

Mastorakos E, Taylor A, Whitelaw J H, 1992. Extinction and temperature characteristics of turbulent counterflow diffusion flames with partial premixing[J]. Combustion and Flame, 91(1): 40-54.

Matsubara Y, Takita K, Masuya G, 2013. Combustion enhancement in a supersonic flow by simultaneous operation of DBD and plasma jet[J]. Proceedings of the Combustion Institute, 34(2): 3287-3294.

Meier W, Prucker S, Cao M H, et al., 1996. Characterization of turbulent hytVAir Jet diffusion flames by single-pulse spontaneous Raman scattering[J]. Combustion Science and Technology, 118(4-6): 293-312.

Miller H C, Mccord J E, Choy J, et al., 2001. Measurement of the radiative lifetime of $O_2(a^1\Delta_g)$ using cavity ring down spectroscopy [J]. Journal of Quantitative Spectroscopy and Radiative Transfer, 69(3): 305-325.

Nagaraja S, Sun W, Yang V, 2015. Effect of non-equilibrium plasma on two-stage ignition of n-heptane[J]. Proceedings of the Combustion Institute, 35(3): 3497-3504.

Najm H N, Paul P H, Mueller C J, et al., 1998. On the adequacy of certain experimental observables as measurements of flame burning rate[J]. Combustion and Flame, 113(3): 312-332.

Niemi K, Schulz-Von Der Gathen V, Döbele H F, 2005. Absolute atomic oxygen density measurements by two-photon absorption laser-induced fluorescence spectroscopy in an RF-excited atmospheric pressure plasma jet [J]. Plasma Sources Science and Technology, 14(2): 375-386.

Nishioka M, Law C K, Takeno T, 1996. A flame-controlling continuation method for generating S-curve responses with detailed chemistry[J]. Combustion and Flame, 104(3): 328-342.

NIST, 2020. Atomic Spectra Database [DB/OL]. Gaithersburg, MD: NIST. https://www.nist.gov/pml/atomic-spectra-database.

O'Connor J, Acharya V, Lieuwen T, 2015. Transverse combustion instabilities: Acoustic, fluid mechanic, and flame processes[J]. Progress in Energy and Combustion Science, 49: 1-39.

Ombrello T, Qin X, Ju Y G, et al., 2006. Combustion enhancement via stabilized piecewise nonequilibrium gliding arc plasma discharge[J]. AIAA Journal, 44(1): 142-150.

Ombrello T, Won S H, Ju Y, et al., 2010a. Flame propagation enhancement by plasma excitation of oxygen. Part I: Effects of O_3[J]. Combustion and Flame, 157(10): 1906-1915.

Ombrello T, Won S H, Ju Y, et al., 2010b. Flame propagation enhancement by plasma excitation of oxygen. Part II: Effects of $O_2(a^1\Delta_g)$[J]. Combustion and Flame, 157(10): 1916-1928.

Pai Z D, Lacoste A. D., Laux O. C., 2010. Transitions between corona, glow, and spark regimes of nanosecond repetitively pulsed discharges in air at atmospheric pressure [J]. Journal of Applied Physics, American, 107: 093303.

Panoutsos C, Hardalupas Y, Taylor A, 2009. Numerical evaluation of equivalence ratio measurement using OH^* and CH^* chemiluminescence in premixed and non-premixed methane-air flames[J]. Combustion and Flame, 156(2): 273-291.

Paris P, Aints M, Valk F, et al., 2005. Intensity ratio of spectral bands of nitrogen as a measure of electric field strength in plasmas[J]. Journal of Physics D: Applied Physics, 38: 3894-3899.

Park D G, Chung S H, Cha M S, 2016. Bidirectional ionic wind in nonpremixed counterflow flames with DC electric fields[J]. Combustion and Flame, 168: 138-146.

Park D G, Chung S H, Cha M S, 2018. Dynamic responses of counterflow nonpremixed flames to AC electric field[J]. Combustion and Flame, 198: 240-248.

Pendleton S J, Montello A, Carter C, et al., 2012. Vibrational and rotational CARS measurements of nitrogen in afterglow of streamer discharge in atmospheric pressure fuel/air mixtures[J]. Journal of Physics D: Applied Physics, 45: 495401.

Pepiotdesjardins P, Pitsch H, 2008. An efficient error-propagation-based reduction method for large chemical kinetic mechanisms[J]. Combustion and Flame, 154(1-2): 67-81.

Perpignan A, Gangoli Rao A, Roekaerts D, 2018. Flameless combustion and its potential towards gas turbines[J]. Progress in Energy and Combustion Science, 69: 28-62.

Pilla G, Galley D, Lacoste D A, et al., 2006. Stabilization of a turbulent premixed flame using a nanosecond repetitively pulsed plasma[J]. IEEE Transactions on Plasma Science, 34(6): 2471-2477.

Plaksin V Y, Penkov O V, Ko M K, et al., 2010. Exhaust cleaning with dielectric barrier discharge[J]. Plasma Science & Technology, 12(6): 688-691.

Poinsot T, 2017. Prediction and control of combustion instabilities in real engines[J]. Proceedings of the Combustion Institute, 36(1): 1-28.

Popov N A, 2016. Kinetics of plasma-assisted combustion: effect of non-equilibrium excitation on the ignition and oxidation of combustible mixtures[J]. Plasma Sources Science & Technology, 25: 43002.

Poursaeidi E, Arablu M, Meymandi M A Y, et al., 2013. Investigation of choking and combustion products' swirling frequency effects on gas turbine compressor blade fractures[J]. Journal of Fluids Engineering,135: 61203.

Raizer Y P,1991. Gas Discharge Physics[M]. Berlin: Springer-Verlag.

Reddy P Manoj Kumar,Cha M S,2016. Selective control of reformed composition of n-heptane via plasma chemistry[J]. Fuel,186: 150-156.

Ren Y,Cui W,Li S,2018. Electrohydrodynamic instability of premixed flames under manipulations of DC electric fields[J]. Physical Review E,97: 13103.

Ren Y,Cui W,Pitsch H,et al. ,2015. Experimental and numerical studies on electric field distribution of a premixed stagnation flame under DC power supply[J]. Combustion and Flame,215: 103-112.

Ren Y,Li S,Cui W,et al. ,2017. Low-frequency AC electric field induced thermoacoustic oscillation of a premixed stagnation flame[J]. Combustion and Flame,176: 479-488.

Retter J E,Elliott G S,2019. On the possibility of simultaneous temperature,species,and electric field measurements by coupled hybrid fs/ps CARS and EFISHG[J]. Applied Optics,58(10): 2557.

Reuter C B,Won S H,Ju Y,2016. Experimental study of the dynamics and structure of self-sustaining premixed cool flames using a counterflow burner[J]. Combustion and Flame,166: 125-132.

Reuter C B,Lee M,Won S H,et al. ,2017a. Study of the low-temperature reactivity of large n-alkanes through cool diffusion flame extinction[J]. Combustion and Flame,179: 23-32.

Reuter C B, Won S H, Ju Y, 2017b. Flame structure and ignition limit of partially premixed cool flames in a counterflow burner[J]. Proceedings of the Combustion Institute,36(1): 1513-1522.

Richard F,Cormier J M,Pellerin S,et al. ,1996. Physical study of a gliding arc discharge [J]. Journal of Applied Physics,79(5): 2245-2250.

Roettgen A M,Shkurenkov I,Adamovich I V,et al. ,2014. Thomson scattering studies in He and He/H_2 nanosecond pulse nonequilibrium plasmas[C]. AIAA SciTech Forum, 52nd Aerospace Sciences Meeting. National Harbor,Maryland.

Roth J R, 2001. Industrial Plasma Engineering [M]. London: Institute of Physics Publishing.

Rousso A,Yang S,Lefkowitz J,et al. ,2017. Low temperature oxidation and pyrolysis of n-heptane in nanosecond-pulsed plasma discharges[J]. Proceedings of the Combustion Institute,36(3): 4105-4112.

Roy S,Gord J R,Patnaik A K,2010. Recent advances in coherent anti-Stokes Raman scattering spectroscopy: Fundamental developments and applications in reacting flows [J]. Progress in Energy and Combustion Science,36(2): 280-306.

Seiser R,Pitsch H,Seshadri K,et al. ,2000. Extinction and autoignition of n-heptane in counterflow configuration[J]. Proceedings of the Combustion Institute, 28(2): 2029-2037.

Shaddix C R, 1999. Correcting Thermocouple Measurements for Radiation Loss: A Critical Review[C]. New York: 33rd National Heat Transfer Conference, ASME.

Shelton D P, Rice J E, 1994. Measurements and calculations of the hyperpolarizabilities of atoms and small molecules in the gas phase[J]. Chemical Reviews, 94(1): 3-29.

Shy S S, Nguyen M T, Huang S Y, 2019. Effects of electrode spark gap, differential diffusion, and turbulent dissipation on two distinct phenomena: Turbulent facilitated ignition versus minimum ignition energy transition[J]. Combustion and Flame, 205: 371-377.

Simeni Simeni M, Roettgen A, Petrishchev V, et al., 2016. Electron density and electron temperature measurements in nanosecond pulse discharges over liquid water surface [J]. Plasma Sources Science and Technology, 25: 64005.

Simeni Simeni M, Goldberg B M, Zhang C, et al., 2017. Electric field measurements in a nanosecond pulse discharge in atmospheric air[J]. Journal of Physics D: Applied Physics, 50: 18400218.

Simeni Simeni M, Tang Y, Hung Y, et al., 2018a. Electric field in ns pulse and AC electric discharges in a hydrogen diffusion flame[J]. Combustion and Flame, 197: 254-264.

Simeni Simeni M, Tang Y, Frederickson K, et al., 2018b. Electric field distribution in a surface plasma flow actuator powered by ns discharge pulse trains[J]. Plasma Sources Science and Technology, 27: 104001.

Song F, Wu Y, Xu S, et al., 2019. N-decane decomposition by microsecond pulsed DBD plasma in a flow reactor[J]. International Journal of Hydrogen Energy, 44(7): 3569-3579.

Staffell I, Scamman D, Abad A V, et al., 2019. The role of hydrogen and fuel cells in the global energy system[J]. Energy & Environmental Science, 12(2): 463-491.

Stancu G D, Kaddouri F, Lacoste D A, et al., 2010. Atmospheric pressure plasma diagnostics by OES, CRDS and TALIF[J]. Journal of Physics D: Applied Physics, 43: 12400212.

Stange S, Kim Y, Ferreri V, et al., 2005. Flame images indicating combustion enhancement by dielectric barrier discharges[J]. IEEE Transactions on Plasma Science, 33(21): 316-317.

Starikovskiy A, Aleksandrov N, 2013. Plasma-assisted ignition and combustion[J]. Progress in Energy and Combustion Science, 39(1): 61-110.

Starikovskiy A, Aleksandrov N, Rakitin A, 2012. Plasma-assisted ignition and deflagration-to-detonation transition[J]. Philosophical Transactions of the Royal Society A: Mathematical, Physical and Engineering Sciences, 370(1960): 740-773.

Steele R C, Cowell L H, Cannon S M, et al., 2000. Passive control of combustion instability in lean premixed combustors[J]. Journal of Engineering for Gas Turbines and Power-Transactions of the ASME,122(3): 412-419.

Sun J, Chen Q, 2019. Kinetic roles of vibrational excitation in RF plasma assisted methane pyrolysis[J]. Journal of Energy Chemistry,39: 188-197.

Sun W, Won S H, Ju Y, 2014. In situ plasma activated low temperature chemistry and the S-curve transition in DME/oxygen/helium mixture[J]. Combustion and Flame, 161(8): 2054-2063.

Sun W, Gao X, Wu B, et al., 2019. The effect of ozone addition on combustion: Kinetics and dynamics[J]. Progress in Energy and Combustion Science,73: 1-25.

Sun W, Won S H, Ombrello T, et al., 2013. Direct ignition and S-curve transition by in situ nano-second pulsed discharge in methane/oxygen/helium counterflow flame[J]. Proceedings of the Combustion Institute,34(1): 847-855.

Sun W, Uddi M, Won S H, et al., 2012. Kinetic effects of non-equilibrium plasma-assisted methane oxidation on diffusion flame extinction limits[J]. Combustion and Flame,159(1): 221-229.

Sung C J, Law C K., 2000. Structural sensitivity, response, and extinction of diffusion and premixed flames in oscillating counterflow[J]. Combustion and Flame,123(3): 375-388.

Tacina R, Wey C, Laing P, et al., 2001. A Low NO_X Lean-Direct Injection, Multipoint Integrated Module Combustor Concept for Advanced Aircraft Gas Turbines[C]. Oporto,Portugal: Conference on Technologies and Combustion for a Clean Environment.

Takashima K, Yin Z, Adamovich I V, 2012. Measurements and kinetic modeling of energy coupling in volume and surface nanosecond pulse discharges[J]. Plasma Sources Science and Technology,22: 15013.

Tang Y, Zhuo J, Cui W, et al., 2019. Enhancing ignition and inhibiting extinction of methane diffusion flame by in situ fuel processing using dielectric-barrier-discharge plasma[J]. Fuel Processing Technology,194: 106128.

Theiss N, Liu J B, Ronney P D, et al., 2004. Corona Discharge Ignition for Internal Combustion Engines[C]. Long Beach,California USA: ASME.

Thelen B C, Chun D, Toulson E, et al., 2013. A study of an energetically enhanced plasma ignition system for internal combustion engines[J]. IEEE Transactions on Plasma Science,41(12): 3223-3232.

Tsolas N, Yetter R A, 2017. Kinetics of plasma assisted pyrolysis and oxidation of ethylene. Part 1: Plasma flow reactor experiments[J]. Combustion and Flame,176: 534-546.

Tsolas N, Yetter R A, Adamovich I V, 2017. Kinetics of plasma assisted pyrolysis and oxidation of ethylene. Part 2: Kinetic modeling studies[J]. Combustion and Flame,

176:462-478.

Turns S R,2009. 燃烧学导论:概念与应用(第二版)[M]. 姚强,李水清,王宇,译. 北京: 清华大学出版社.

Versailles P,Chishty W A,Huu D V,2012. Application of dielectric barrier discharge to improve the flashback limit of a lean premixed dump combustor[J]. Journal of Engineering for Gas Turbines and Power-Transactions of the ASME,134:0315013.

Wada T,Lefkowitz J K,Ju Y,2015. Plasma assisted MILD combustion: AIAA SciTech Forum. Kissimmee,Florida,2015.

Wang G,Yang F,Zhao W,2016. Microelectrokinetic turbulence in microfluidics at low Reynolds number[J]. Physical Review E,93:0131061.

Wang W,Karatas A E,Groth C,et al.,2018. Experimental and numerical study of laminar flame extinction for syngas and syngas-methane blends[J]. Combustion Science and Technology,190(8):1455-1471.

Wilk M,Magdziarz A,2010. Ozone effects on the emissions of pollutants coming from natural gas combustion[J]. Polish Journal of Environmental Studies,19(6):1331-1336.

Won S H,Jiang B,Dievart P,et al.,2015. Self-sustaining n-heptane cool diffusion flames activated by ozone[J]. Proceedings of the Combustion Institute,35(1):881-888.

Wu W,Piao Y,Xie Q,et al.,2019. Flame diagnostics with a conservative representation of chemical explosive mode analysis[J]. AIAA Journal,57(4):1355-1363.

Xiong Y,Schulz O,Bourquard C,et al.,2019. Plasma enhanced auto-ignition in a sequential combustor[J]. Proceedings of the Combustion Institute,37(4):5587-5594.

Xiong Y,Park D G,Cha M S,et al.,2018. Effect of buoyancy on dynamical responses of coflow diffusion flame under low-frequency alternating current[J]. Combustion Science and Technology,190(10):1832-1849.

Yang S,Gao X,Yang V,et al.,2016. Nanosecond pulsed plasma activated $C_2H_4/O_2/Ar$ mixtures in a flow reactor[J]. Journal of Propulsion and Power,32(5):1240-1252.

Yang S,Nagaraja S,Sun W,et al.,2017. Multiscale modeling and general theory of non-equilibrium plasma-assisted ignition and combustion[J]. Journal of Physics D: Applied Physics,50:433001.

Yatom S,Tskhai S,Krasik Y E,2013. Electric field in a plasma channel in a high-pressure nanosecond discharge in hydrogen: a coherent anti-Stokes Raman scattering study[J]. Physical Review Letters,111:255001.

Yehia O R,Reuter C B,Ju Y,2019. On the chemical characteristics and dynamics of n-alkane low-temperature multistage diffusion flames[J]. Proceedings of the Combustion Institute,37(2):1717-1724.

Yuan T,Zhang L,Zhou Z,et al.,2011. Pyrolysis of n-Heptane: Experimental and theoretical study[J]. The Journal of Physical Chemistry A,115(9):1593-1601.

Zeng M, Yuan W, Wang Y, et al. , 2014. Experimental and kinetic modeling study of pyrolysis and oxidation of n-decane[J]. Combustion and Flame, 161(7): 1701-1715.

Zaidi H, Stockman E, Qin X, et al. , 2006. Measurements of hydrocarbon flame speed enhancement in High-Q microwave cavity[C]. Reno, Nevada, USA: 44th AIAA Aerospace Sciences Meeting and Exhibit.

Zhang H, Zhu F, Li X, et al. , 2019. Steam reforming of toluene and naphthalene as tar surrogate in a gliding arc discharge reactor[J]. Journal of Hazardous Materials, 369: 244-253.

Zhang Z, Zhao D, Han N, et al. , 2015. Control of combustion instability with a tunable Helmholtz resonator[J]. Aerospace Science and Technology, 41: 55-62.

Zhao D, Morgans A S, 2009. Tuned passive control of combustion instabilities using multiple Helmholtz resonators [J]. Journal of Sound and Vibration, 320 (4-5): 744-757.

Zhao F, Li S, Ren Y, et al. , 2016. Investigation of mechanisms in plasma-assisted ignition of dispersed coal particle streams[J]. Fuel, 186: 518-524.

Zhao F, Hiroyasu H, 1993. The applications of laser Rayleigh scattering to combustion diagnostics[J]. Progress in Energy and Combustion Science, 19(6): 447-485.

Zhu J, Ehn A, Gao J, et al. , 2015. Effects of gliding arc discharge penetrating a premixed flame[C]. Budapest: Proceeding of the European Combustion Meeting.

Zhu J, Ehn A, Gao J, et al. , 2017 Translational, rotational, vibrational and electron temperatures of a gliding arc discharge[J]. Optics Express, 25(17): 20243.

Zhu X, Chen W, Pu Y, 2008. Gas temperature, electron density and electron temperature measurement in a microwave excited microplasma[J]. Journal of Physics D: Applied Physics, 41: 105212.

Zhu X, Walsh J L, Chen W, et al. , 2012. Measurement of the temporal evolution of electron density in a nanosecond pulsed argon microplasma: using both Stark broadening and an OES line-ratio method[J]. Journal of Physics D: Applied Physics, 45: 295201.

Zhu X, Pu Y, Balcon N, et al. , 2009. Measurement of the electron density in atmospheric-pressure low-temperature argon discharges by line-ratio method of optical emission spectroscopy[J]. Journal of Physics D: Applied Physics, 42: 142003.

在学期间发表的学术论文与研究成果

发表的学术论文

［1］ **Tang Yong**，Kong Chengdong，Zong Yicheng，et al.，2017. Combustion of aluminum nanoparticle agglomerates：From mild oxidation to microexplosion［J］. Proceedings of the Combustion Institute,36(2),2325-2332.（SCI 收录，WOS：000397458900077，影响因子 3.299）

［2］ **Tang Yong**，Yao Qiang，Cui Wei，et al.，2018. Flow fluctuation induced by coaxial plasma device at atmospheric pressureApplied Physics Letters，113(22)：224101.（SCI 收录，WOS：000451739700050，影响因子 3.521）

［3］ **Tang Yong**，Zhuo Jiankun，Cui Wei，et al.，2019. Non-premixed flame dynamics excited by flow fluctuations generated from Dielectric-Barrier-Discharge plasma ［J］. Combustion and Flame,204：58-67.（SCI 收录，WOS：000468377000006，影响因子 4.120）

［4］ **Tang Yong**，Simeni Simeni Marien，Frederickson Kraig，et al.，2019. Counterflow diffusion flame oscillations induced by ns pulse electric discharge waveforms［J］. Combustion and Flame,206：239-248.（SCI 收录，WOS：000480510500020，影响因子 4.120）

［5］ **Tang Yong**，Zhuo Jiankun，Cui Wei，et al.，2019. Enhancing ignition and inhibiting extinction of methane diffusion flame by in situ fuel processing using dielectric-barrier-discharge plasma［J］. Fuel Processing Technology，194：106128.（SCI 收录，WOS：000477787100012，影响因子 4.507）

［6］ **Tang Yong**，Yao Qiang，Cui Wei，et al.，2019. Premixed Flame Response to a Counterflowing Non-thermal Plasma Jet［J］. Combustion Science and Technology，192(12)：2280-2296.（SCI 收录，WOS：000475033200001，影响因子 1.564）

［7］ **Tang Yong**，Simeni Simeni Marien，Adamovich Igor，et al.，2019. The interaction between the premixed counterflow flame and the electric field driven by DC/AC/NS waveforms［C］. Fukuoka，Japan：12th Asia-Pacific Conference on Combustion.（国际会议，EI 收录，检索号：20193407341793）

［8］ **唐勇**，姚强，崔巍，等，2018. 介质阻挡放电作用下对冲扩散火焰的着火特性研究［J］. 工程热物理学报，39(10)：2312-2318.（EI 收录，检索号：20185206305487）

[9] 唐勇,Simeni Simeni Marien,Adamovich Igor,等,2020. 电场诱导二次谐波(E-FISH)在等离子体助燃中的应用研究[J]. 工程热物理学报,2020,41(7).(in press)

[10] Xiao Zhenghang,**Tang Yong**,Zhuo Jiankun,et al.,2017. Effect of the interaction between sodium and soot on fine particle formation in the early stage of coal combustion [J]. Fuel,206: 546-554.(SCI 收录,WOS:000405805800055,影响因子 5.128)

[11] Simeni Simeni Marien,**Tang Yong**,Hung Yi-Chen,et al.,2018. Adamovich Igor. Electric field in Ns pulse and AC electric discharges in a hydrogen diffusion flame [J]. Combustion and Flame,197: 254-264.(SCI 收录号,WOS:000447815800023,影响因子 4.120)

[12] Simeni Simeni Marien,**Tang Yong**,Frederickson Kraig,et al.,2018. Electric Field Distribution in a Surface Plasma Flow Actuator Powered by Ns Discharge Pulse Trains[J]. Plasma Sources Science and Technology,27(10):104001(SCI 收录,WOS:000448138000001,影响因子 4.128)

[13] Orr Keegan,**Tang Yong**,Simeni Simeni Marien,V,et al.,2020. Measurements of electric field in an atmospheric pressure helium plasma jet by the E-FISH method,Plasma Sources Science and Technology,2020,29(3):035019.(SCI 收录,WOS:000521208600001,影响因子 4.128)

[14] Simeni Simeni Marien,**Tang Yong**,Frederickson Kraig,et al.,2019. Electric Field Distribution in Surface Plasma Flow Actuators Powered by Ns Pulse and AC Waveforms[C]. San Diego,CA,US:AIAA Scitech 2019 Forum.(国际会议,EI 收录,检索号:20192807163614)

[15] Gao Jinlong,Kong Chengdong,Zhu Jiajian,et al.,2018. Visualization of instantaneous structure and dynamics of large-scale turbulent flames stabilized by a gliding arc discharge[J]. Proceedings of the Combustion Institute,37(4),5629-5636.(SCI 收录,WOS:000457095600148,影响因子 3.299)

[16] 肖正航,**唐勇**,卓建坤,等,2017. 煤粉燃烧初期碱金属与碳烟相互作用的研究 [J]. 工程热物理学报,38(2):399-405.(EI 收录,检索号:20171103437718)

[17] 李尚鹏,卓建坤,**唐勇**,等,2017. 存在非加热起始段的热平板着火分析[J]. 工程热物理学报,2017,38(3):657-664.(EI 收录,检索号:20172203719577)

[18] 黄昊,李水清,**唐勇**,等,2018. 纳米金属颗粒的等离子体合成与燃烧特性[J]. 燃烧科学与技术,2018,24(2),97-103.(CSCD:6222744)

[19] Sun Jinguo,**Tang Yong**,Li Shuiqing,2021. Plasma-assisted Stabilization of Premixed Swirl Flames by Gliding Arc Discharges[C]. Adelaide,Australia:38th International Symposium on Combustion(accepted for oral presentation)

[20] Sun Jinguo,Ren Yihua,**Tang Yong**,et al.,2021. Influences of heat flux on extinction characteristics of steady/unsteady premixed stagnation flames[C]. Adelaide,Australia:38th International Symposium on Combustion(accepted for oral presentation)

研 究 成 果

在学期间参与的研究项目：

[1] 2013年1月—2017年6月，国家重点基础研究发展计划项目(973)：化石燃料燃烧排放PM2.5源头控制技术的基础研究(编号：2013CB228500)。

[2] 2017年1月至今，国家自然科学基金重大研究计划重点项目：极端条件下发动机燃烧不稳定性的电场及等离子体控制基础研究(编号：91641204)。

[3] 2015年8月—2016年7月，北京市科技计划：燃气锅炉低氮燃烧技术装备研发与示范(编号：D141100001114001)。

致　　谢

衷心感谢导师姚强教授对我的教诲和悉心指导，我在大二上学期时通过系里的"学术优才"计划加入姚老师的课题组。姚老师在繁重的教学、科研与行政工作任务之余，仍然耐心地指导我从本科至博士研究生的科研工作。此外，姚老师对国家、社会和学科的奉献精神，儒雅的学者风范，谦逊的工作作风，对教学科研的严格要求，对学科发展的引领都给我树立了良好的榜样，让我受益终身。

衷心感谢李水清教授对我科研工作的指导和对我博士研究生课题给出的宝贵建议。在参与李老师的小组讨论时，李老师追求国际一流的科研使命感，对学科发展的精准把握，唯真不破的治学态度，团结作战的协作精神，让我深受感染和鼓舞。

衷心感谢卓建坤副研究员对我科研工作的关心和指导，卓老师勤勉务实的作风，丰富的工程经验，灵活的研究思路，给我博士研究生课题的开展带来了很大帮助。

衷心感谢课题组宋蔷副教授和黄骞老师对我的支持与帮助。

衷心感谢 PACE 组吴宁、于丹、孔成栋、宗毅晨、袁野、涂功铭、肖正航、任翊华、崔巍、武虎、高琦和陈晟等师兄（姐），给了我大量的帮助和指导。

衷心感谢 PACE 组迟永超、黄昊、刘晨阳、许扬、李尚鹏、孙锦国、吴逸凡、李少龙等同学及低碳能源楼各位同事的帮助。

衷心感谢美国俄亥俄州立大学 Igor Adamovich 教授，MarienSimeni Simeni 博士及 NETL 实验室的其他成员，在我赴美联合培养过程中给予的指导和帮助。

衷心感谢在我攻博期间给予帮助的其他老师和同学：清华大学蒲以康教授、任祝寅教授、徐海涛教授、黄邦斗博士、陈怡然博士、吴万同同学，隆德大学李中山老师和高金龙博士，普林斯顿罗忠敬教授、邓斯理博士，北京理工大学石保禄研究员和马康同学，过程所黄云研究员，中国科学院电工研究所章程老师……感谢热能所的常东武老师、龚迎莉老师、孙新玉师傅和田国伟师傅在我做实验时的帮助；感谢能动系刘红老师、郑轶老师，以及课题组王聪瑜、赵美娟、武巧英等行政助理的辛勤付出。

特别感谢孔晓婷同学在我读博期间的陪伴和支持。

特别感谢我的父母、祖父母和其他长辈对我的养育、教诲和关心；祖父母含辛茹苦抚育我成人，如今均已作古，子欲养而亲不待，谨以此文告慰二老。

至此结束了 20 余年的学生生涯，唯愿继续从事科学研究，坚守少年理想，不负韶华，为往圣继绝学，为生民谋福祉，为后世创新业。

本课题承蒙国家 973 重点基础研究发展计划（2013CB228506）、国家自然科学基金（91641204）和国家留学基金委（201706210253）的资助支持。